国家自然科学基金资助研究项目（批准号：40872174，41272322）
国家重点基础研究发展计划（973 计划 2012CB719901）
铁道部科技研究开发计划课题（2005Z003，2008Z001-B）
教育部新世纪优秀人才支持计划（NCET-11-0710）

绿色铁路理论及评价

杨立中　贺玉龙　熊春梅　黄　涛　著

西南交通大学出版社
·成都·

图书在版编目（ＣＩＰ）数据

绿色铁路理论及评价 / 杨立中等著. —成都：西南交通大学出版社，2014.1

ISBN 978-7-5643-2786-6

Ⅰ. ①绿… Ⅱ. ①杨… Ⅲ. ①铁路运输－影响－环境－研究 Ⅳ. ①X731

中国版本图书馆 CIP 数据核字（2013）第 307655 号

绿色铁路理论及评价

杨立中　贺玉龙　熊春梅　黄　涛　著

＊

责任编辑　杨　勇

助理编辑　姜锡伟

封面设计　墨创文化

西南交通大学出版社出版发行

四川省成都市金牛区交大路 146 号　邮政编码：610031

发行部电话：028-87600564

http://press.swjtu.edu.cn

四川省印刷制版中心有限公司印刷

＊

成品尺寸：170 mm×230 mm　　印张：14.5

字数：258 千字

2014 年 1 月第 1 版　　2014 年 1 月第 1 次印刷

ISBN 978-7-5643-2786-6

定价：42.00 元

内容简介

　　交通运输是国民经济和社会发展的先导产业，而铁路运输以全天候、运能大、成本低、运距长等优势，承担了中长途的大量客货运输。特别是到了 20 世纪 80 年代，高速铁路以快速、舒适、安全以及价廉的优势，给铁路运输的发展提供了新动力和新机遇，使铁路在国民经济中有着不可替代的地位。随着社会进步和物质生活水平的提高，人们对铁路不仅要求能够方便、迅达、安全、舒适、清洁，还注重了铁路的美观，铁路与周围生态环境、人文景观的和谐性、协调性，绿色铁路正是在这个背景下提出的，它对铁路的可持续发展具有重要作用。本书分析了铁路运输的比较优势和传统铁路对环境的影响，提出了绿色铁路的概念及其在经济、社会、自然资源可持续利用、生态环境保护等方面的作用；在论述了可持续发展理论和绿色基本理论的基础上，建立了绿色铁路的基本理论，阐明了研究绿色铁路的重要意义；同时研究了绿色铁路评价理论和评价方法；最后以大（理）丽（江）铁路、青藏铁路、京沪高速铁路为例，进行了绿色铁路理论和评价方法的实际应用。

　　本书可供环境工程、交通工程、地质工程等专业的研究人员、工程技术人员、高等学校师生阅读和参考。

序

　　交通运输是国民经济和社会发展的先导产业，对国民经济发展与构建和谐社会具有重要的作用，而铁路运输以全天候、运能大、成本低、运距长等优势，承担了中长途的大量客货运输。20世纪初，汽车和航空运输迅速发展，与铁路的竞争日益激烈，使全球的铁路发展曾经步入低谷，但到了20世纪80年代，日益发展的高速铁路以快速、舒适、安全的优势，取得了明显的经济效益，带动了铁路的技术创新，给铁路运输的发展提供了新动力和新机遇。在当前全球气候变化、能源紧张的大背景下，作为绿色交通运输方式的铁路，以其低碳、环保优势在世界多国重新得到了快速发展。铁路作为国民经济大动脉、国家重要基础设施和大众化交通工具，是综合交通运输体系的骨干，具有节能、环保、安全、大运力等比较优势，在今后相当长的时期内，铁路建设仍将处于较快发展进程之中。同时，随着社会进步和人民物质生活水平的提高，人们对生活环境、生活条件、生活现代化和舒适性有了更高的要求，对于铁路不仅要求能够方便、迅达、安全、舒适、清洁，还注重了铁路的美观，铁路与周围生态环境、人文景观的和谐性、协调性，尤其是在高速铁路大力发展的今天，高速铁路如何在给国民经济带来巨大作用的同时，满足人民日益提高的要求，更是人们越来越关注的问题。基于此情，西南交通大学杨立中教授及其研究团队首次提出了绿色铁路的概念，建立了相关的理论，完成了大量的研究工作，并进行了实际的应用，取得了卓越的成效。本书正是他们近年研究成果的总结，相信该专著的出版，将为该领域的研究奠定良好的基础，促进该领域的发展，特此作序。

中国科学院院士　成都地质矿产研究所教授

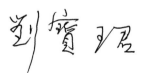

2013 年 5 月

前　言

中国的经济发展取得了举世瞩目的成就，但是由此对环境、生态的影响和破坏，也日益引起了人们的关注。经济的可持续发展，倡导生态文明，形成节约能源、资源和保护生态环境的产业结构、增长方式、消费模式，建设"资源节约型、环境友好型"的和谐社会，已是人们的共识；"节约资源和保护环境"已成为中国的基本国策。2009 年，中华人民共和国前主席胡锦涛在联合国气候变化峰会上承诺：中国将大力发展绿色经济，积极发展低碳经济和循环经济，绿色 GDP 已日益成为国民经济发展的目标。因此，为了适应绿色 GDP 的发展目标而提出和研究的绿色铁路，对实现铁路的可持续发展，提高铁路在绿色 GDP 中的贡献，具有深远的理论意义和重要的实际价值。

在构建和谐社会的战略任务中，铁路在国民经济中不可替代的地位决定了铁路和谐是社会和谐的重要组成部分，因此，建设和谐铁路对构建和谐社会有十分重要的意义。和谐铁路就意味着要求铁路不仅能够快捷、安全，也要求铁路保护环境、节能降耗，还要求铁路舒适、美观，与生态环境、人文环境、景观环境和谐协调。绿色铁路正是基于这些要求而提出的，所以，进行绿色铁路的研究，对建成和谐铁路有十分重要的意义。

随着社会进步和人民物质生活水平的提高，人们对生活环境、生活条件、生活现代化和舒适性有了更高的要求，对铁路不仅要求能够方便、迅达、安全、舒适、清洁，还要注重铁路的美观，铁路与周围环境、生态、人文、景观的和谐性、协调性。虽然铁路在环境保护方面进行了大量工作，但基本上还局限在传统环境保护意义上的具体项目、具体问题上，铁路如何在给国民经济带来巨大作用的同时，满足人民日益提高的要求，是人们越来越关注的问题。因此，开展绿色铁路的研究，对满足社会和人民的需求是十分迫切和必要的。

为此，我们成立了绿色铁路研究团队，在铁道部和国家自然科学基金委员会的支持下，自 2005 年起，团队承担了铁道部科技研究开发计划课题"我国绿色铁路评价体系的研究""高速铁路绿色评价体系的研究"，以及国家自然科学基金研究项目"京沪高速铁路地质环境效应的研究""高速铁路列车特殊振动的不良地质环境效应及其成灾机理的研究"。几年来，团队在中铁第一勘察设计院集团有限公司、中国中铁二院工程集团有限责任公司、铁道第三勘察设计院集团有限公司、中铁第四勘察设计院集团有限公司的支持和协助下，完成了国内外相关资料的收集，进行了青藏铁路、大丽铁路、渝怀铁路、内昆铁路、京沪高速铁路、京津城际铁路等的现场调研和试验，积累了大量的文字、图片、影视资料和试验数据，在此基础上，进行了资料集成、计算机模拟、数学建模、实例剖析计算，完成了该专著的撰写。

参加该研究工作的还有：中国中铁二院工程集团有限责任公司朱颖总经理、韩鹏副总工程师，铁道第三勘察设计院集团有限公司孙树礼副总经理兼总工程师、薛林海处长，中铁第四勘察设计院集团有限公司全国工程勘察设计大师王玉泽副院长兼总工程师、黄盾副处长，西南交通大学博士研究生徐创军、熊风、梅昌艮、苏凯、张光明等。

本书共分 5 章：第 1 章绪论；第 2 章分析了铁路运输的比较优势及传统铁路对环境的影响，提出了绿色铁路的概念；第 3 章在阐述可持续发展理论和绿色基本理论的基础上，论述了绿色铁路的基本理论和绿色铁路的研究意义；第 4 章在论述绿色铁路评价理论的基础上，阐述了绿色铁路评价的指标体系及绿色铁路评价的评价方法体系；第 5 章以大（理）丽（江）铁路的绿色铁路评价、青藏铁路的绿色铁路评价、高速铁路的绿色铁路评价为例，阐述了绿色铁路理论在西南山地风景名胜区、高原环境敏感区、东部经济发达区的应用。本书第 3 章由熊春梅撰写；第 4 章由贺玉龙撰写；杨立中撰写了其余部分，并进行了全书的定稿；黄涛也参加了部分工作。

本书得到了国家自然科学基金项目（批准号：40872174，41272322）、国家重点基础研究发展计划（973 计划 2012CB719901）、铁道部科技研究开发计划课题（合同号：2005Z003，2008Z001-B）、教育部新世纪优秀人才支持计划（NCET-11-0710）和中央高校基本科研专题研究项目（SWJTU09ZT26）的联合资助，在此一并致谢。特别感谢国家自然科学基金委员会地球科学部和铁道部科学技术司对研究工作的长期支持；同时，感谢著名地质学家、中国科学院院士刘宝珺教授为本书作序。

本书的撰写建立在研究团队多年科学研究和实践的基础上，由于著者水平所限，书中难免有疏漏和不足之处，衷心希望读者批评指正。

著　者

2013 年 10 月于西南交通大学

目　录

1　绪　论 ……………………………………………………………… 1

  1.1　铁路对人类文明发展的贡献 …………………………………… 1

  1.2　铁路与环境发展协调的研究现状 ……………………………… 6

2　绿色铁路的概念 …………………………………………………… 13

  2.1　铁路运输的比较优势 …………………………………………… 13

  2.2　传统铁路对环境的影响 ………………………………………… 17

  2.3　绿色铁路的概念 ………………………………………………… 34

3　绿色铁路的理论 …………………………………………………… 37

  3.1　可持续发展理论 ………………………………………………… 37

  3.2　绿色基本理论 …………………………………………………… 45

  3.3　绿色铁路基本理论 ……………………………………………… 48

  3.4　绿色铁路的研究意义 …………………………………………… 57

4　绿色铁路的评价 …………………………………………………… 63

  4.1　绿色铁路的评价理论 …………………………………………… 63

  4.2　绿色铁路评价的指标体系 ……………………………………… 66

  4.3　绿色铁路评价的评价方法体系 ………………………………… 83

5　绿色铁路评价理论的应用 ………………………………………… 93

  5.1　大（理）丽（江）绿色铁路的评价 …………………………… 93

  5.2　青藏铁路的绿色铁路评价 ……………………………………… 123

  5.3　高速铁路的绿色铁路评价 ……………………………………… 143

结束语 ………………………………………………………………… 201

参考文献 ……………………………………………………………… 203

1　绪　论

　　作为陆地交通的重要工具，铁路发展迄今已有 200 年的历史。近两个世纪来，铁路从低速到高速，从客运到重载，对人类社会经济的发展起到了巨大的作用。进入 21 世纪以来，交通工具飞跃发展，运载手段层出不穷，人类对交通工具的要求也越来越高。在这种形势下，铁路应该如何发展，路在何方，成为人们关注的问题；建立和发展绿色铁路已成为时代的要求和人们的共识。本书正是基于这一考虑而著。

1.1　铁路对人类文明发展的贡献

　　铁路作为近代物质文明的重要成果，是人类社会经济发展到一定阶段的产物。列宁曾经指出：铁路是资本主义工业最主要的部门即煤炭工业和钢铁工业的结果，是世界贸易和资产阶级民主文明发展的结果和最显著的标志。铁路建设最早始于英国，1814 年，机械工程师斯蒂芬孙成功地制造了世界上第一台蒸汽机车。1825 年，第一条铁路——英国斯托克顿至达林顿的铁路——建成通车，欧洲大陆从此进入铁路建设时期。铁路将带来一种全新的生活方式，如恩格斯所说，19 世纪下半叶用蒸汽发动的运输工具最后战胜了其他各种运输工具，铁路在一切文明国家中都占首位，在西方国家经济发展过程中起到了重要的作用。多数经济史学家对此予以肯定，韦伯视铁路为历史上最具革命性的工具，罗斯托则在其著作《经济发展的阶段》中详尽地说明了铁路对经济发展的重要性。以美国为例，1830 年，美国第一条具有近代意义的铁路——巴尔的摩至爱丽考特山的铁路——建成通车，标志着美国成为世界使用铁路较早的 4 个国家（英、美、法、俄）之一。1833 年，美国又建成从查理斯顿到南卡罗来纳州汉堡的一条铁路，全长共有 136 英里，是当时世界上最长的铁路。1840 年，美国铁路线总长度已达 2 818 英里，1850 年增加到 9 021 英里，1860 年增加到 30 627 英里，

　　注：1 英里=1.609 334 千米。

大大超过铁路诞生地英国，成为当时世界上铁路线最长的国家。在近代美国西部大开发中，横贯大陆铁路的铺设具有重要的历史意义，它大大推动和加速了美国西部开发的进程。

铁路是在 18 世纪 30 年代末期传入中国的。毫无疑问，在引入中国的现代经济设施中，没有一项比铁路的影响更大。中国铁路和中国近代化是双重互动关系，中国铁路既是中国近代化的产物和标志之一，又反过来推动中国近代化的发展，对中国近代化有着多方面的影响。

20 世纪 40 至 70 年代，全球范围内的铁路发展逐渐步入低谷。汽车和航空运输迅速发展，与铁路的竞争日益激烈，再加上多数国家铁路经营管理不善，导致铁路路网规模缩小。自 20 世纪 70 年代以来，铁路行业开始复苏，许多国家开始认识到公路运输的负面影响，纷纷倾向于发展铁路，特别是到了 80 年代，日益发展的高速铁路以快速、舒适、安全以及票价适中的优势，取得了明显的经济效益，带动了铁路的技术创新，给铁路运输的发展提供了新动力和新机遇。

1.1.1　铁路在综合交通运输体系中的特点及作用

交通运输是国民经济和社会发展的重要基础设施和先导基础产业，在改善经济空间布局、推动地区开发开放、促进区域经济协调发展、加快构建和谐社会等方面，具有重要作用。综合交通运输体系由铁路、公路、水运、民航、管道 5 种运输方式组成。铁路运输全天候、运能大、运输成本低、通用性好，承担了我国中长途的大量客货运输；公路运输覆盖面广、机动灵活、门到门、辐射性强，更多地承担了中短途客货运输；海运和内河运输投资小、运能大、运输成本低、占地少、能耗低、污染少，一直是我国大宗货物长途运输，尤其是外贸货物运输的主要运输方式；航空运输速度快、受地形限制小，在长途旅客运输中具有速度快的优势，成为我国长途旅客运输的主要承担者之一；管道运输运能大、占地少、安全性能好、运输成本低，对保证石油生产持续稳定增长、促进国民经济发展起着日益重要的作用。综上所述，从客运来说，公路应承担中短途的旅客运输任务，铁路应承担城市间中长途的旅客运输任务，民航应承担时效要求快的城市间长途和大城市及城市化地带的旅客运输任务；从货运来说，中长途和大宗散装物资的运输应以铁路为主，沿海及内河以水运为主，中短途的、发到点分散的、时效要求高的应以公路为主，民航更多地承担长途的、高质的、时效要求快的货物，油、气应大力发展管道运输。

每一种运输方式都有各自的优势和特点，应以科学发展观为指导，在综合交通体系规划下"各展其长、各得其所"地协调发展。各种运输方式要让自身特征和优势得到充分发挥，其市场分工必须合理。而要提高运输效率、降低成本，就必须按照各种运输方式的优势和特点，形成分工协作、有机结合、布局合理、连接贯通的综合交通运输网络。实践证明，一种运输方式的快速发展可以促进各种运输方式之间的竞争，通过竞争最终达到推动整个综合交通运输体系的共同发展，通过竞争相互促进、互相推动、共同发展，最终优化整个综合交通运输体系。

目前，交通运输发展面临的资源和环境形势日趋严峻，优先发展资源节约型和环境友好型的运输方式，是实现经济社会全面协调和可持续发展的必然选择，构建和谐社会也对综合交通运输体系提出了更高的要求。建立资源节约型和环境友好型的综合交通运输体系需要对运输走廊中的各种运输方式进行优化。同一运输走廊中，在充分发挥各种运输方式特点的前提下，重点发展土地占用少、能耗低、污染小、安全性高的运输方式。

1.1.2 铁路在综合交通运输体系中的优势

铁路是国民经济的先行产业，具有占地少、运能大、运距长、全天候以及经济、快捷、环保等独特优势。作为综合交通体系的骨干，铁路在构建高效综合运输体系、优化资源配置和产业布局、降低物流成本、支撑区域协调发展等方面，发挥着巨大作用。铁路通达的规模和水平，是衡量一个国家或地区现代化和社会文明程度的重要标志。

铁路是占用土地资源较少的运输工具。构建节约型社会、促进交通运输的可持续发展，要求选择土地资源占用少、使用效率高的运输方式。中国可耕地面积仅占国土面积的 17%，可耕地十分宝贵，因此不宜大量发展占地面积大的交通运输方式。按单位运输量所占用的土地面积算，美国公路占地是铁路的 5.6 倍，加拿大是 7.1 倍，法国是 3.7 倍，德国是 6.6 倍，日本是 13.6 倍。完成单位换算周转量占用的土地，国外公路一般是铁路的 5～10 倍，我国则高达 25 倍。在同等运能条件下，铁路与高速公路间的占地比为 1∶（2.5～3），单位换算周转量占地公路是铁路的 3～5 倍。2005 年，我国铁路每公里完成的运输密度约为公路的 34 倍，即使按等级公路里程计算，每公里铁路完成的换算运输密度也是公路的 27 倍。也有研究者认为铁路比公路占地少，但差距并不大，6 车道以内的公路与铁路的单位能力用地之比不会超过 1.5。

铁路是能源消耗最少的运输工具。在能源消耗方面，欧盟提供的数据是 1 L 燃油在 1 km 的距离上移动的货物质量：公路是 50 t，铁路是 97 t，内河水运是 127 t。我国统计资料表明，民航、公路、铁路单位运输量平均能耗比约为 11∶8∶1。从完成单位运输量的油品消耗看，公路运输是铁路运输的 20~30 倍。铁路、公路、民航完成运输单位量的能耗比，客运为 1∶3∶5.2；货运为 1∶1.3∶3。公路能耗强度是铁路的 2~10 倍。从各种运输方式百吨公里油耗指标看，2003 年航空燃油消耗 35.4 kg；道路运输汽油消耗 6.9 kg，柴油消耗 5.2 kg；铁路运输柴油消耗 0.5 kg；水路运输燃料油消耗 0.6 kg。各种运输方式客运能耗方面，每百人公里消耗标准煤，道路大客车为 1.5 kg，小轿车为 3.8~4.8 kg，航空为 6.8 kg，快速铁路约为 1.0 kg。我国铁路的能耗在国家交通运输总消耗中只占 18%，而完成的换算周转量在 50%以上。从节能降耗方面来说，我国铁路用交通行业不到 1/5 的能源消耗，完成了全社会 1/2 的运输量。特别应该指出，在各种运输方式中，航空、汽车、水运、铁路内燃机车都依靠石油资源，铁路电力机车则可以使用煤炭和其他的能源。我国煤炭储量居世界第一位，水能资源蕴藏量也居世界第一位。丰富的煤电、水电资源决定了铁路电力机车牵引及电气化铁路发展较之其他运输方式具有更有利的发展前景。

铁路是当今对环境污染最小的运输工具。交通运输产生的废气和噪声已成为环境污染，尤其是大中城市环境污染的主要来源。全世界由交通运输散入空气的有害气体已占大气污染的一半以上，对人类生存构成了严重威胁。造成大气环境污染的各种因素中，交通运输排放的二氧化碳和氮氧化物等废物所占比例最大。

国际上许多研究者对不同的运输方式产生的污染物做了比较，其结果表明：客运造成的单位污染强度，铁路是航空的 20%~40%，是公路的 10%左右；货运造成的单位污染强度，铁路仅为公路的 10%。日本运输部门对各种运输方式二氧化碳排放比例的调查显示：家用轿车 52%，货车 31%，内河航运 6%，铁道 3%，航空 3%。旅客运输使用私人轿车每人公里排放的二氧化碳是铁路的 9.5 倍，货物运输使用家用普通卡车每吨公里排放的二氧化碳是铁路的 13.8 倍。2002 年，我国铁路每万吨换算吨公里治污费用 1.27 元，公路、民航是铁路的 10 倍。可见，与其他运输方式相比，铁路具有排放低、污染小的优势，是减轻交通运输污染的有效运输方式。

铁路是目前最安全的交通运输方式，以我国为例，1995—2002 年各种运输方式交通事故数据表明，铁路与公路的事故次数比为 1∶246，事故损失比为 1∶44.48。由此可见，铁路运输具有安全性好的优势。

1.1.3 铁路在综合交通运输体系中优势的展望

我国是一个人口众多、资源相对不足的国家，随着向工业文明的迈进，人口、生态、环境、资源等矛盾日益突出，环境成为制约国家发展的瓶颈之一。2005 年，我国人均耕地面积为 1.4 亩，仅为世界平均水平的 40%。土地资源，尤其是可耕地已成为我国最为紧缺的资源。节约土地资源，不仅关系到我国的农业生产和粮食安全供应，而且关系到经济可持续发展和社会稳定。此外，我国石油资源不足，自 1993 年开始已成为石油净进口国，对外依存度逐年提高，已近 40%。严峻的能源形势要求高度重视交通节能降耗，以保障国家能源安全。因此，调整交通运输能源消费结构，鼓励发展少用油的交通运输方式，是保证我国国民经济和交通运输业实现可持续发展的重要措施。铁路对能源的适应性很强，除了内燃机车需消费石油外，电力机车几乎可以不占用紧缺的石油资源，而且电力机车动力大、能源利用率高，既适应我国能源结构的要求，又符合节约能源的需要，是适应我国能源特点的运输方式。因此，发展铁路运输可以改善我国交通运输业的能源消费结构。

资源、环境已成为制约未来交通发展的主要因素，交通运输系统建设面临资源与环境的巨大挑战。因此，优先发展资源节约型和环境友好型的运输方式，是实现经济社会全面协调和可持续发展的必然选择。在各种交通运输方式中，铁路运能大、占地少、效率高、污染小、能耗低、资源适应性强、对环境影响小、安全性好，在节约资源和保护环境方面具有明显的比较优势，而且也是唯一可以以多种能源替代石油的大能力综合性绿色交通运输工具。随着重载运输、电气化铁路的快速发展，铁路运输在节约资源、保护环境和安全可靠方面的技术经济优势将更加突出。这对于我国实现可持续发展，对以最小的能源消耗和土地占用、最少的环境污染满足经济社会对旅客运输的需求是十分重要的。铁路运输在建立资源节约型和环境友好型的综合运输体系中将发挥不可替代的重要作用。

因此，加快发展铁路，建成绿色铁路，对减少石油消耗、缓解我国能源紧张局面起到了重要作用，对建设资源节约型、环境友好型社会，促进国民经济可持续发展具有重要的意义。

注：1 亩=667 m^2。

1.2 铁路与环境发展协调的研究现状

1.2.1 国外研究现状

美、日、英、法、德等发达国家经过 30 多年的研究，对铁路勘测、设计、建设、运营中如何保证自然经济效益，利用和保护天然资源，保护动、植物及各种自然特性，保护名胜古迹和风景等都已有较完整的规范和手册。美国 1965 年制定了《铁路美化规定》，日本 1976 年制定了《铁路绿化技术基准》。法国、德国、荷兰、英国等对铁路的环境设计与景观规划设计不但规定其设计原则、方法等，而且还根据本国国情规定了具体指标和生态环境投资在工程总投资中所占的比例。研究主要从水、气、声、渣等环境要素展开。在旅途中产生的生活污水，目前发达国家旅客列车基本全部装有集便器（图 1.1），并制定了相关法律法规，建立了完善的地面接收及处理设施。日本于 20 世纪 60 年代开发了"循环式"列车厕所处理系统，近几年又开发了"干燥""生物式""真空吸引式"等列车厕所处理系统技术。德国铁路以及欧洲快速列车均已采用密闭式厕所，车上收集的污物在终点站的整备场排入地面设施，地面接收一般采用移动式真空吸粪车或固定式地面真空接收系统，收回的污水经化粪池处理后排入市政管网，最终进入城市污水处理厂。铁路产生的大气污染采取的处理措施包括：① 过滤气体。为了减少热机气体扩散，法国国营铁路参加了由 ERRI（欧洲铁路研究院）主持的多项研究工作，在对排放气体的处理方面也进行了多项试验研究。② 增设废气净化器。日本对 700 系新干线吸烟车用空气净化器，采用静电感应式的高性能薄型空气净化器，使吸烟车粉尘浓度减少一半。在法国，噪声采取声屏障和双层窗综合措施降噪。

图 1.1　列车集便器设施

20 世纪 60 年代以来，在生态景观防护方面，西方一些发达国家开展了景观视觉研究和视觉影响评估方法研究，建立了美景度估测模型、景观比较评判模型和环境评判模型等模型方法，并形成了专家学派、心理物理学派、认知学派、经验学派 4 大学派。

此外，国外很重视高速铁路对区域社会经济发展的影响。英国南安普敦大学的 John Preston、Adam Larbie 和 Graham Wall（2006）以英国东南部 Kent 州 Ashford 为例，探讨了伦敦—巴黎—布鲁塞尔—阿姆斯特丹—科隆高速铁路网对社会经济活动的影响。Vreeker 和 Willigers 探讨了荷兰高速铁路，尤其是车站对城市区域发展的影响。

高速铁路运营噪声、振动评价标准及治理也是国外关注的重点之一。欧盟、法国、日本提出的高速铁路噪声限值分别如表 1.1 ~ 表 1.3 所示。

表 1.1 欧盟高速铁路噪声辐射限值

适用范围	运行速度/（km·h⁻¹）		
	250	300	320
新设计	88	92	93
既有设计	90	93	94
建议值	86	89	90

注：在距离线路轨道中心 25 m 处测量。

表 1.2 法国高速铁路环境噪声标准

运行速度/（km·h⁻¹）	限值/dB	备注
300	96	在距线路中心线 25 m 处测量
250	93	

表 1.3 日本新干线铁路环境噪声标准

区域	限值/dB	备注
Ⅰ（居住区）	不超过 70	在户外高于地面 1.2 m 处测量
Ⅱ（工业、商业、少量居民的混合区）	不超过 75	

在高速铁路环境振动标准方面，1976 年日本环境厅发布的《关于环境保护方面需要对新干线铁路振动采取的对策》提出了有关新干线高速铁路环境振动的限值，直到目前为止仍在执行。该项法规规定新干线环境振动的限值为 90 dB，超过限值的地区应采取防治对策。测点规定在建筑物前 1 m 处的地基上。

美国联邦铁路部门规定的高速铁路振动限值如表 1.4 所列。每过一趟列车，视为一个振动事件。

表 1.4   美国高速铁路振动限值

建筑物用途分类	大地振动速度水平限值/dB	
建筑物内有对振动敏感的 仪器设备，如光学显微镜	65 （每天有多于 70 的振动事件）	65 （每天的振动事件少于 70）
居民区	72 （每天有多于 70 的振动事件）	80 （每天的振动事件少于 70）
主要在白天使用的办公场所	75 （每天有多于 70 的振动事件）	83 （每天的振动事件少于 70）

1.2.2   国内研究现状

我国"绿色铁路"的研究在环境保护方面做了很多工作，目前主要集中在噪声治理、振动控制、生态保护、列车垃圾处理等方面。铁道部于 1987 年发布了《铁路工程设计环境保护技术规定》（TBJ 501—87）；1993 年，铁道部建设司在原技术规定的基础上试行了《铁路工程环境保护设计规范》；1998 年，铁道部正式发布了《铁路工程环境保护设计规范》（TB 10501—98），并于 1999 年 1 月 1 日起施行。1998 年，国务院第 253 号文发布的《建设项目环境保护管理条例》，在铁路建设中得到了贯彻。

从高速铁路的设计规范看，从《新建铁路时速 200～250 公里客运专线设计暂行规定》到《新建铁路时速 300～350 公里客运专线设计暂行规定》，均对绿色设计给予了很大重视，尤其是最新的《高速铁路设计规范（试行）》（TB 10621—2009），在"总则"中明确要求"高速铁路设计应执行国家节约能源、节约用水、节约材料、节省用地、保护环境等有关法律、法规"，把"节能环保"列为高速铁路总体设计的五大目标要求之一，把"符合环境保护、水土保持、土地节约及文物保护的要求"列为高速铁路选线设计应遵循的原则之一。高速铁路设计应重视保护生态环境、自然景观和人文景观，重视水土保持、生态环境敏感区、湿地的保护和防灾减灾及污染防治工作。在高速铁路车站、自然风景区段，还要进行接触网与整体系统协调的景观设计。在"环境保护"篇章中，明确了高速铁路环保选线选址设计、生态保护和水土保持、环境污染治理工程设计的基本原则，规定了高速铁路声屏障、垃圾转运设施、绿化及绿色通道建设等设计内容。

从铁路的噪声、振动限值看，2008 年 10 月 1 日开始实施的国家标准《声环境质量标准》(GB 3096—2008)、《铁路边界噪声限值及其测量方法》(GB 12525—90)修改方案(环境保护部公告 2008 年第 38 号),对 2011 年 1 月 1 日起的新建铁路干线,给出了铁路干线两侧区域(4b 类环境功能区)环境噪声限值,昼间环境噪声等效声级限值为 70 dB,夜间环境噪声等效声级限值为 60 dB。1989年 7 月 1 日开始实施的国家标准《城市区域环境振动标准》(GB 10070—88),规定城市区域"铁路干线两侧"昼、夜铅垂向 Z 振级标准值均为 80 dB。

在铁路客站环保方面,《铁路旅客车站建筑设计规范》(GB 50226—2007)要求:车站广场绿化率不宜小于 10%,绿化与景观设计应按功能和环境要求布置;自然采光和自然通风应为设计候车区(室)首选光源、风源。特别值得一提的是,最近几年在北京南站、新长沙站、太原南站等高速铁路车站建设中,融入了"低碳、绿色、科技、环保"等建设理念,以先进的理念、技术、工艺以及材料打造了一批绿色高速铁路客站。如北京南站设计了超大面积的玻璃穹顶,在各层地面还做了透光处理,充分利用了自然光照明(图 1.2)。北京南站采用了热电冷三联供和污水源热泵技术,可以实现能源的梯级利用,该系统产生的年发电量,能满足站房 49% 的用电负荷。北京南站还采用了太阳能光伏发电技术,充分利用了太阳能。北京南站站台还敷设有吸声材料,如图 1.3 所示。

图 1.2 北京南站利用自然光　　　图 1.3 北京南站站台敷设吸声材料

对铁路客站的绿色评价,也可借鉴 2006 年 6 月 1 日开始施行的国家标准《绿色建筑评价标准》(GB/T 50378—2006),从节地与室外环境、节能与能源利用、节水与水资源利用、节材与材料资源利用、室内环境质量、运营管理等 6 个方面对高速铁路客站这一公共建筑进行绿色生态评价。

铁路建设水土保持方面,现行标准为《开发建设项目水土流失防治标准》(GB 50434—2008),如表 1.5 所列。

表 1.5 建设类项目水土流失防治标准

分级／分类／时段	一级标准		二级标准		三级标准	
	施工期	试运行期	施工期	试运行期	施工期	试运行期
扰动土地整治率/%	*	95	*	95	*	90
水土流失总治理度/%	*	95	*	87	*	80
土壤流失控制比	0.7	0.8	0.5	0.7	0.4	0.4
拦渣率/%	95	95	90	95	85	90
林草植被恢复率/%	*	97	*	95	*	90
林草覆盖率/%	*	25	*	20	*	15

注："*"表示指标值应根据批准的水土保持方案措施实施进度，通过动态监测获得，并作为竣工验收的依据之一。

在"十五"铁路环境保护重点工作中也提出了全路实施建设绿色运输大通道的战略，在铁路"十一五"规划中也明确指出要加强资源节约和环境保护。在贯彻落实国家关于加快建设资源节约型、环境友好型社会要求的基础上，大力推广各种先进的节油代油、节电、节水、新能源和可再生能源等资源综合利用技术的应用，积极推进清洁生产，提高铁路能源和资源利用效率（图 1.4、图 1.5）；加强铁路运输环境保护，重点抓好城区铁路环境整治，提高运输环境质量；加强铁路建设中的生态环境保护、水土保持以及环境影响评价工作；加快铁路绿色通道建设，尽快形成整体"绿化"规模。胶新铁路首创了生物技术工程防护与生态林、经济林相结合的新方法，体现了路地共建的新思路。

图 1.4 桑雄段的太阳能、风能发电设施　　图 1.5 青藏铁路沿线通信设施使用清洁能源

胶新铁路在环境保护方面做的研究，主要有以下几方面：①生态保护与水土流失防治；②水、大气污染防治；③声屏障设计。同时，胶新铁路在建设与

运营管理中，突出解决资源利用效率问题，重点关注节地、节水、节材和环保与资源综合利用。内昆铁路是国家"九五"重点建设项目，在设计、选线时通过了草海自然保护区的生产实验区。内昆铁路所采取的保护草海区的措施如下：① 改变车站设置；② 威宁南站污水处理；③ 声屏障噪声治理；④ 水土保持。内昆线的声屏障设施和弃渣处理如图 1.6 和图 1.7 所示。

图 1.6　内昆线声屏障　　　　　图 1.7　内昆线青山隧道进口处的弃渣处理

　　青藏铁路格尔木至拉萨段是世界上海拔最高、跨越高原多年冻土地段里程最长的铁路。针对青藏高原生态环境十分脆弱的地区特征，在青藏铁路设计和施工中采取的各种有效环保对策和措施（图 1.8～图 1.11）如下：① 积极对施工中铲除的原地表草皮的移植利用进行设计；② 在线路设计选线和设置工点时，绕避高原湖泊，少占湿地；③ 在地温、含冰量较高及沉降量较大的多年冻土区，均采取了以桥代路方案，以避免侵占河床、湿地和大面积的山体开挖；④ 铁路选线时尽量避开了野生动物栖息地；⑤ 对生活营地废水进行洗涤废水集中处置；⑥ 尽量减少沿线车站的设置，车站尽可能选用太阳能等清洁型能源。

图 1.8　风火山隧道防护　　　　　图 1.9　青藏铁路沿线隔离网

　图 1.10　青藏铁路弃渣场植被恢复　　　图 1.11　青藏铁路边坡植被防护单元

　　"十一五"期间，我国铁路系统依靠技术进步和科技创新，加大环境监测和监督力度，做好生态保护与污染防治，铁路建设的环境管理工作得到显著加强。铁路系统加强了建设项目环境保护全过程管理，前期工作中贯彻环保选线理念，充分发挥环境影响评价对线路设计的积极作用，并注重强化施工期的环境保护监督检查工作，为实现铁路建设工作与环境保护工作的协调发展奠定了坚实基础。铁路作为符合我国国情和可持续发展要求的绿色交通工具，理应在综合交通体系中发挥更为重要的作用，并承担起环境保护、节能减排、降低成本的重任。在铁路建设过程中，深入推进绿色施工、建设绿色铁路显得尤为重要。《铁路"十二五"环保规划》强调，"十二五"时期，我国铁路行业将坚持环境保护基本国策，大力采用新技术、新材料，不断提高铁路环境污染防治水平，降低污染物排放，节约资源和保护生态环境，实现生态保护与铁路建设有序推进，建设资源节约、环境优化的绿色铁路。

　　近几年来，西南交通大学、北京交通大学、中国铁道科学研究院、中南大学等科研机构在绿色铁路方面进行了探索。杨立中等建立了设计阶段、施工阶段和运营阶段的绿色铁路评价指标体系，并提出了具体的评价方法。匡星等从生态学、景观生态学、视觉美学和相容性 4 个方面提出了铁路建设项目对自然保护区、风景名胜区和城市火车站区 3 个敏感地带生态环境影响评价的指标体系。

　　上述是国内外学者专家对铁路的"绿色"进行的相关研究，但都局限在对勘察、设计、施工、运营各阶段的水、气、声、渣等单项环境因素进行研究，而对铁路建设在人文、景观、生态、社会、经济等方面的影响考虑较少，缺乏全面、系统的研究。2006 年 7 月 1 日通车的青藏铁路在生态、环境保护、景观协调等方面做了比较全面、系统的调查、研究与工程实践，并提出了很多行之有效的具体实施办法，为我国"绿色铁路"的研究提供了很好的案例。发达国家对铁路做了大量研究工作，但是也缺乏"绿色铁路"领域的系统研究，因而"绿色铁路"研究工作具有较强的开拓性和现实意义。

2 绿色铁路的概念

2.1 铁路运输的比较优势

我国是一个典型的大陆性国家，区域相互跨度大，国民经济和社会交往需要有一种强有力的运输方式，而铁路正具备这一功能。因此，铁路在我国综合运输网络中担当的支柱作用，与公路运输、江河运输、航空运输等方式对比，具有明显的比较优势。

2.1.1 铁路运输在土地利用方面的比较优势

不同的运输方式对土地资源的占用不同，构建节约型社会、促进交通运输的可持续发展，应该选择土地资源占用少、使用效率高的运输方式。中国可耕地面积仅占国土面积的 17%，且人均可用耕地仅有世界平均水平的 40%。可耕地十分宝贵，对于陆路交通，不宜大量发展占地面积大的交通设施。

从土地占用方面分析，单线铁路与 2 车道公路、复线铁路与 4 车道公路、铁路客运专线与 8 车道高速公路相当，铁路占用土地仅为公路的 1/2；完成单位运输量所占用的土地面积，铁路仅为公路的 1/5 ~ 1/10。按照每公里完成的运输量测算，2005 年我国铁路每公里完成的运输密度约为公路的 34 倍，即使按等级公路里程计算，每公里铁路完成的换算运输密度也是公路的 27 倍。

在土地资源占用方面，完成每单位运输量，在美国公路占地是铁路的 5.6 倍，加拿大是 7.1 倍，法国是 3.7 倍，德国是 6.6 倍，日本是 13.6 倍。

考虑水运是利用现有水域进行运输以及航空运输除机场配套设施外不需占地等特点，在占地指标上与公路、铁路不具可比性。因此，在研究占地指标上选取公路与铁路进行对比。

据统计，完成单位换算周转量占用的土地，国外公路一般是铁路的 5 ~ 10 倍，我国则高达 25 倍。

按照占地多少比较，在同等运能条件下，铁路与高速公路间的占地为 1：（2.5 ~ 3），也就是说，单位换算周转量占地公路是铁路的 3 ~ 5 倍；更重要的是，在同等能耗条件下，铁路的客运与货运容量是公路的 10 倍以上，是航空的 20 倍以上。

当然，也有研究者认为铁路比公路占地少，但差距并不是人们想象的那么大（表 2.1～表 2.3）。

表 2.1　铁路建设项目用地面积计算

线路类别	总体占地	单位能力占用土地	
		货运能力	公里客运能力
	公顷/公里	m²/万吨公里	m²/万人公里
Ⅰ级国铁，双线内燃	5.979 6	11.39～7.97	8.25～5.98
Ⅰ级国铁，双线电气化	6.042 6	8.95～6.71	6.75～5.04
Ⅰ级国铁，单线内燃	4.919 2	40.99～21.86	27.33～16.13
Ⅰ级国铁，单线电气化	4.977 0	27.65～18.43	19.91～13.83
Ⅱ级国铁，单线内燃	4.818 6	53.54～32.12	41.90～26.05
Ⅲ级国铁，单线内燃	4.424 3	73.74～58.99	61.45～47.57

注：用地指标取自《新建铁路工程项目建设用地指标》，铁道部、建设部、国家土地局，1996-04-08。

表 2.2　公路建设项目用地面积计算

线路类别	总体占地	单位能力占用土地	
		货运能力里	客运能力
	公顷/公里	m²/万吨公里	m²/万人公里
二级公路	3.041 5	51.44～38.58	14.10～12.92
一级公路	6.384 3	40.49～32.39	13.56～12.51
四车道高速公路	7.400 4	27.93～22.34	8.12～7.57
六车道高速公路	8.212 2	21.37～17.04	6.20～5.78

注：用地指标取自《公路建设项目用地指标》，交通部、建设部、国土资源部，1999-11-18。

表 2.3　铁路用地与公路用地面积比较

比较对象		比较指标	
铁路	公路	总体用地	单位货物能力（平均值）
Ⅰ级国铁，单线，内燃	一级公路	1：1.30	1：（0.99～1.76）（1.235）
Ⅰ级国铁，单线，电气化	四车道高速公路	1：1.28	1：（1.46～1.76）（1.61）
Ⅰ级国铁，双线，内燃	四车道高速公路	1：1.24	1：（2.45～2.80）（2.625）
Ⅰ级国铁，双线，内燃	六车道高速公路	1：1.37	1：（1.87～2.14）（2.005）
Ⅰ级国铁，双线，电气化	六车道高速公路	1：1.36	1：（2.38～2.54）（2.46）

从表 2.1～表 2.3 的统计与比较可以看出：按单位公里计算的公路用地为 Ⅰ

级国铁的 1.24 ~ 1.37 倍，平均为 1.31 倍；按单位货运能力计算的公路用地大致为铁路干线的 0.99 ~ 2.54 倍，平均为 1.987 倍。

可见，铁路具有占用土地资源少的优势。与其他运输方式相比，铁路具有完成相同运输量占用土地少的特点，是节约宝贵土地资源的运输方式。在有效利用土地资源方面，铁路具有明显的优势。

2.1.2 铁路运输在节省能源方面的比较优势

交通行业是资源占用型和能源消耗型行业，发达国家运输业的能耗占全国总能耗的 1/4 ~ 1/3。随着我国客货运输量的增长，交通运输业能源消耗的规模逐年上升，成为我国用能增长最快的行业之一。以国际通用口径估计，目前我国交通行业能源消费量约占全国总用能量的 10%，其中用能以油气为主，几乎全部汽油、60%的柴油和 2/3 的煤油被各类交通工具所消耗。2005 年，交通运输业共消耗 1.66 亿吨标准煤，占全国能量总消耗的 7.47%。其中：原油消耗量 127 万吨，占 0.42%；煤炭消耗量 882 万吨，占 81.9%；汽油消耗量 2 470 万吨，占 50.9%；柴油消耗量 5 019 万吨，占 45.7%。

从能耗看，铁路的能耗在国家交通运输总消耗中只占 18%，而完成的换算周转量在 50%以上。从节能降耗方面来说，我国铁路用交通行业不到 1/5 的能源消耗，完成了全社会 1/2 的运输量。

在能源消耗方面，欧盟提供的数据是 1 L 燃油在 1 km 的距离上移动的货物质量，公路是 50 t，铁路是 97 t，内河水运是 127 t。

此外，其他研究者也对铁路、公路、民航等运输方式的能耗情况进行过对比。

我国统计资料表明，民航、公路、铁路单位运输量平均能耗比约为 11∶8∶1。这说明，在完成相同工作量的情况下，铁路是消耗能源最少的运输方式。从完成单位运输量的油品消耗看，公路运输是铁路运输的 20 ~ 30 倍。

铁路、公路、民航完成运输单位量的能耗比，客运为 1∶3∶5.2，货运为 1∶1.3∶3。公路能耗强度是铁路的 2 ~ 10 倍。

从各种运输方式百吨公里油耗指标看，2003 年航空燃油消耗 35.4 kg；道路运输汽油消耗 6.9 kg，柴油消耗 5.2 kg；铁路运输柴油消耗 0.5 kg；水路运输燃料油消耗 0.6 kg。各种运输方式客运能耗方面，每百人公里消耗标准煤，道路大客车为 1.5 kg，小轿车为 3.8 ~ 4.8 kg，航空为 6.8 kg，快速铁路约为 1.0 kg。

尤其需要指出的是，在各种运输方式中，航空、汽车、水运、铁路内燃机车都依靠石油资源，铁路电力机车则可以使用煤炭和其他的能源。我国石油资源储量有限，产量也不能满足经济发展的需要。因此，大力发展能源节约型或多种能源混合型的运输方式十分重要。我国探明煤炭储量居世界第一位，水能资源蕴藏量也居世界第一位。丰富的煤电、水电资源决定了铁路电力机车牵引及电气化铁路较之其他运输方式具有更好的发展前景。

2.1.3 铁路运输在减少环境污染方面的比较优势

目前，交通运输产生的废气和噪声已成为环境污染，尤其是大中城市环境污染的主要来源。全世界由交通运输散入空气的有害气体已占大气污染的一半以上，对人类生存构成了严重威胁。造成大气环境污染的各种因素中，交通运输排放的二氧化碳和氮氧化物等废物所占比例最大。

在环境污染方面，日本运输部门对各种运输方式二氧化碳排放比例的调查显示：家用轿车 52%，货车 31%，内河航运 6%，铁道 3%，航空 3%。旅客运输使用私人轿车每人公里排放的二氧化碳是铁路的 9.5 倍，货物运输使用家用普通卡车每吨公里排放的二氧化碳是铁路的 13.8 倍。统计资料还表明，同等运量的客运或货运，铁路所产生的平均噪声只有公路的 1/3 ~ 1/2。

根据德国铁路 2000 年度"环境报告"对 CO_2 排放量的统计，客运时公路为 16.8 kg/100 人公里，空运为 13.4 kg/100 人公里，铁路为 4.8 kg/100 人公里；货运时公路为 79.8 kg/100 吨公里，空运为 10.7 kg/100 吨公里，铁路为 2.6 kg/100 吨公里，水运为 4.7 kg/100 吨公里。由此可以看出，客运时铁路运输仅为公路运输产生的 CO_2 污染量的 1/4 强，货运时铁路只是公路运输的 1/30。

客运（人公里）对环境的污染强度，公路是铁路的 10 倍左右，是航空的 1 ~ 2 倍。货运（吨公里）对环境的污染强度，公路是铁路的 10 倍左右。

2002 年，铁路每万吨换算吨公里治污费用 1.27 元，公路、民航是铁路的 10 倍。

可见，与其他运输方式相比，铁路具有排放低、污染小的优势，是减轻交通运输污染的有效运输方式。

2.1.4 铁路运输在运输安全方面的比较优势

铁路具有安全性好的优势。据各国在交通死亡事故方面的统计，每 10 亿人公里死亡人数，法国铁路为 0.18 人，航空为 0.26 人，公路为 16 人，公路是铁路的 89 倍；美国铁路为 0.4 人，私人轿车为 7 人，后者是前者的 17 倍；德国统计数据，公路、铁路和民航的百万人公里事故死亡率分别是 80.4%、3.3%、2.5%，公路事故率是铁路的 24 倍。据日本统计，普通铁路每运行 1 亿人公里的死亡人数仅为航空的 18%、公路的 13%。我国铁路客运事故率为 0.001 81 ~ 0.001 01，公路为 0.064 4，航空为 0.007 4，水运为 0.023 7；铁路货运事故率为 0.000 04，公路为 0.002 1 ~ 0.001 05，航空为 0.000 3，水运为 0.001 03。由此可见，铁路运输具有安全性好的比较优势。

纵观铁路、公路、水路和航空等 4 种运输方式，铁路运输最显著的特点是载运量大，在大宗、大流量的中长以上距离的客货运输方面具有绝对优势，是最适合我国经济地理特征和人们收入水平的区域骨干运输方式，同时也是调节我国资源禀赋和工业布局不均衡的重要纽带，承担着重载长途运输的巨大任务。

然而，传统铁路虽然对国民经济的发展和人类社会的进步起着巨大的作用，但对环境也有着不可低估的影响。

2.2　传统铁路对环境的影响

1820 年，第一条蒸汽火车铁路在英格兰成功诞生。很快，铁路便在英国和世界各地通行起来，且成为世界交通的领导者近一个世纪，直至飞机和汽车的发明，铁路的重要性才有所降低。在 1888 年发明高架电缆后，首条使用高架电缆的电气化铁路在 1892 年启用。第二次世界大战后，以柴油和电力驱动的列车逐渐取代蒸汽推动的列车。1960 年起，多个国家均建置高速铁路，根据 UIC（国际铁道联盟）的定义，高速铁路是指营运速率达每小时 200 公里的铁路系统。因此，传统铁路主要是指以柴油和电力驱动，营运速率低于每小时 200 公里的铁路系统。

从我国第一条营业铁路——上海吴淞铁路通车之时算起，中国铁路迄今已有100 多年的历史。随着中国实行改革开放，铁路部门也采取了相应的改革开放措施。经历了 6 次提速，中国的铁路运营里程已达 9.9 万公里，位居世界第二，仅次于美国。根据中国政府发布的《中长期铁路网规划》中提出的铁路网中长期建设目标，到 2020 年，中国铁路运营里程为 10 万公里。

铁路是国家的重要基础设施、国家的大动脉和大众化交通工具，在综合交通体系中处于骨干地位，没有铁路的现代化就难以实现国家的现代化。中国幅员辽阔、内陆深广、人口众多，资源分布及工业布局不平衡，铁路运输在各种运输方式中占有的优势更加突出，在经济社会发展中具有特殊重要的地位和作用。

现今，为了适应经济发展对交通的需求，国家投入大量资金进行交通基础设施的规划和建设，从而产生交通发展与交通资源有限的矛盾，同时在交通发展中也出现交通环境遭到污染和破坏等问题，形成交通发展的恶性循环。作为国民经济的大动脉，铁路的快速发展，对缓解区域客货运输矛盾、加快区域经济发展速度、促进地方与地方的沟通与交流有着极为重要的作用。传统铁路建设主要是从经济发展要求和工程本身角度考虑工程投资、建设周期和灾害避免等问题，很少考虑工程建设本身对环境的扰动及由此而产生的次生灾害问题。传统铁路自建设开始的整个生命周期就对环境产生了一系列强烈的影响，在不同的时期影响的类型与特征都有所不同。在建设期间主要表现为对生态环境的破坏，其次表现为对声学环境、水环境、大气环境等的影响。在运营期间主要表现为噪声、振动、电磁干扰对环境的影响。从广义上讲，前者是大环境，属于跨地区跨流域的工程，而且工程一旦上马，竣工投产后，对环境的影响和破坏就成为定局，是不可避免的；而后者是小环境，只是在线路竣工后进行运输时，机车及车辆所排放的有害气体，列车运行所产生的噪声、振动、电磁干扰以及为运输生产配套的有关站、段的生产、生活设施所排放的三废等对周围环境的影响和污染。

2.2.1　铁路工程建设对生态环境和社会环境的影响

传统铁路工程建设项目是一种跨地域的带状建设项目，多是跨地区、跨流域，横贯东西、南北交错，短则百十公里，长则达千公里的大工程，具有线长、点多、面广的特点，涉及路基工程、站场工程、桥涵工程、隧道工程、弃土（渣）场、取土场、砂石料点、施工便道、施工营地、施工场地等。铁路施工作为一个改造环境的过程，由于目前施工企业的施工水平、施工能力及施工中对环境问题的重视程度不足，在施工中不同程度地造成了对环境的污染和破坏，主要表现为对生态环境的破坏，以及由此而产生的次生灾害问题，其次表现为对声学环境、水环境、大气环境等的影响。

铁路建设项目是大型的、长距离的建设工程，必将会对生态环境造成极大的影响。

生态环境是指影响人类生存和发展的一切外界条件的总和，包括生物因子（植物、动物等）和非生物因子（如光、水分、大气、土壤等）。生态环境间接地、潜在地、长远地对人类的生存和发展产生影响。生态环境的破坏，最终会导致人类生活环境的恶化。

铁路工程建设项目对生态环境的影响和破坏范围视线路穿越生态系统的环境现状和生态特点不同而异，但都具有条带状的影响特点，其范围一般为300～

500 m，但是如果线路跨越一条大河，穿过一块沙地、荒漠，那么它影响的范围
就远远超过了 300 ~ 500 m。如果一条线路通过地区沿线生态系统单一，那么它
对生态环境影响的项目内容也就简单；如果一条线路通过好几个大小不同的生
态系统，而且环境地质条件又十分复杂，那么它对生态环境影响的项目内容就
多了，主要表现为对土地资源利用的影响，对野生动物的影响，对生态敏感地
区的影响（包括湿地、自然保护区、风景名胜区、重点文物保护单位、脆弱生
态环境等），对水土流失的影响，对景观的影响，以及由此产生的次生灾害问题。

2.2.1.1 对土地资源利用的影响

土地资源是最主要的自然资源，它不仅是任何物质生产不可替代的生产资
料，也是人类生存必需的物质条件。

传统铁路建设施工期除基础设施占地较多外，为修建铁路而建筑的大型临
时设施、临时房屋和取弃土场等也占用很多土地，见图 2.1、图 2.2。如在平原
地区修建 1 km 的双线就需永久性占地 40 余亩，修建一个日生产供应能力为
800 m³ 的级配碎石场就需临时占用约 30 亩的场地。施工过程中机械碾压、施工
人员践踏等又会带来青苗损失。若不采取积极措施，会使这些土地长期被废弃。

图 2.1　铁路建设对土地资源的占用　　　　**图 2.2　铁路路基对土地资源的占用**

铁路工程对土地资源利用造成的影响主要有两种形式。一是工程本身占用
生态系统类型，根本上改变土地利用的格局，例如铁路工程建设项目永久性占
用沿线耕地，这些被永久占用的土地将丧失原有的土地利用功能和生态功能，
永远失去土地生产力，并将减少沿线地区可利用的耕地面积，对当地农业生产
的影响是不可逆的。二是交通条件改善了区域的社会经济环境。人口迁移、集
中，经济的发展，对农副等土地产品需求的变化，从而改变铁路结点及其周边
地区的土地利用方式，改变当地生态系统结构，促使景观格局发生变化。

2.2.1.2 对野生动物的影响

动物的许多行为都与环境有着密切的相关性，包括觅食行为、生殖行为、社会行为、生境选择、领域行为、社群、捕食、信号与通信、资源竞争等。而铁路建设是一项跨地区、跨流域的工程，避免不了对野生动物造成影响，影响范围与动物的栖息地大小、分布、觅食和迁徙特性、种群结构与分布、珍稀程度等多种因素相关，主要表现为对动物生境的破坏和污染。

（1）对野生动物生境的破坏。

路线对动物领域造成分割，使动物生活所需要的大面积领域被分割成小区域，破坏了动物的自然栖息、生长和繁殖、活动场所，使动物原本连续的大种群被分隔为相互隔离的小种群，而小种群数量波动大、灭绝率高，重新定殖又受到线路阻碍，严重影响种群的自然消长规律，可使种群数量下降，甚至局部灭绝，见图 2.3、图 2.4。

图 2.3   在羚羊活动范围内的铁路   图 2.4   穿越野生动物生存区的铁路

（2）对野生动物生境的污染。

铁路工程在建设期产生的噪声，将对动物的生活习性产生一定的影响，使一贯生活在安静环境中的动物因噪声干扰而烦躁不安，甚至会对动物的产卵、产仔造成一定的影响，但这种影响只是引起野生动物暂时的、局部的迁移，待施工结束后这种影响亦结束。同时，施工过程产生的废水废气等也对动物的食物质量、觅食途径、生境的适应性等造成了影响，使动物无法正常生活、栖息。

2.2.1.3 对湿地的影响

湿地是指常年积水和过湿的土地。湿地是世界上生产力最高的环境之一，它是生物多样性的摇篮。无数的动植物种依靠湿地提供的水和初级生产力而生存。湿地养育了高度集中的鸟类、哺乳类、爬行类、两栖类、鱼类和无脊椎物种，也是植物遗传物质的重要储存地。湿地广泛分布于世界各地，拥有众多野生动植物资源，是重要的生态系统。很多珍稀水禽的繁殖和迁徙离不开湿地，因此湿地被称为"鸟类的乐园"。湿地是地球上一种重要的、独特的、多功能的生态系统，它在全球生态平衡中扮演着极其重要的角色，有着"地球之肾"的美名。

铁路建设对各类湿地生态系统的影响，包括占用湿地面积，减少湿地的植物数量，缩小湿地的动物生存空间，污染湿地环境，使湿地的生态系统失去平衡，动植物数量大量减少，引发水土流失，破坏湿地的生物多样性等。铁路在路线走向上遇到河流或内陆湖泊时，往往侵占河道或采用在湖水中填筑路堤直接通过，人为地将其一分为二，使得水体降低或失去自我调节能力，最终可能消失。

2.2.1.4　对自然保护区的影响

自然资源和生态环境是人类赖以生存和发展的基本条件。人类在长期的社会实践中，认识到保护好自然资源、生态环境及生物多样性，对人类生存和发展具有极为重要的意义。保护自然资源和生态环境的一项重要措施是建立自然保护区，自然保护区建设已成为衡量一个国家进步和文明的标准之一。

自然保护区可分为生态系统类、野生生物类、自然遗迹类 3 个类别。其按保护对象和目的可分为 6 种类型：以保护完整的综合自然生态系统为目的的自然保护区，以保护某些珍贵动物资源为主的自然保护区，以保护珍稀动植物及特有植被类型为目的的自然保护区，以保护自然风景为主的自然保护区和国家公园，以保护特有的地质剖面及特殊地貌类型为主的自然保护区，以保护沿海自然环境及自然资源为主要目的的自然保护区。自然保护区保护级别划分为国家级、省级、市级和县级。自然保护区内部大多划分成核心区、缓冲区和实验区 3 个部分。核心区是保护区内未经或很少经人为干扰过的自然生态系统所在，或者是虽然遭受过破坏，但有希望逐步恢复成自然生态系统的地区；缓冲区是指环绕核心区的周围地区；实验区位于缓冲区周围，是一个多用途的地区。在核心区和缓冲区严禁线路穿过，只能从实验区通过。

铁路工程是线状工程，点多、线长，在铁路建设过程中，由于铁路受自身爬坡能力、转弯半径、地质条件等限制因素影响，较其他运输方式更难以绕避大面积的自然保护区等敏感区域，见图 2.5。

（1）对生态系统类自然保护区的影响。

自然保护区内的植物大多是一些珍稀、有特殊生态功能的植物，甚至是一些濒危植物，具有很高的生态价值。铁路在穿越自然保护区实验区时，因自然保护区一般严禁设置取、弃土场等临时用地，对自然植被的影响主要表现在线路、路基、桥梁等永久用地对自然植被的破坏以及施工过程中施工便道对自然植被的碾压，导致植被生产力和碳储量减少，影响自然体系的稳定状况，从而影响保护区自然体系的生态完整性。

图 2.5　穿越生态脆弱区的铁路

路堑的开挖、路堤的填筑、取土场和弃土场的设置等动用土石方量较大，易造成水土流失，破坏生态环境；由于施工战线长，临时房屋、施工场地、便道等对土地的占用、碾压，会使土地裸露，生态环境恶化，对周边地区的影响较大。

（2）对野生生物类自然保护区的影响。

一是破坏地表，破坏野生珍稀植物；二是施工人员进入保护区，惊扰、捕杀野生动物；三是破坏野生生物生存栖息环境，导致野生生物量减少。保护区作为一个完整的生态系统，不同物种各自处在自己的生态位置上，彼此相关联，其中一个环节受到干扰，将有可能使该区域内整个生态系统受到影响。

（3）自然遗迹类自然保护区的影响。

铁路工程建设对自然遗迹类自然保护区的影响表现在破坏自然遗迹原生状态，改变自然遗迹保存形状；施工期挖方、填方可能破坏地下文物；施工机械振动，如不加以防范，将对地下文物产生潜在的危害；铁路建设对遗址风貌会产生一定的景观破坏。

2.2.1.5　对风景名胜区的影响

风景名胜区是指具有观赏、文化或者科学价值，自然景观、人文景观比较集中，环境优美，可供人们游览或者进行科学、文化活动的区域。风景名胜包括具有观赏、文化或科学价值的山河、湖海、地貌、森林、动植物、化石、特殊地质、天文气象等自然景物和文物古迹，革命纪念地、历史遗址、园林、建筑、工程设施等人文景物和它们所处的环境以及风土人情等。

风景名胜区属人文类环境敏感目标。铁路建设造成的影响主要表现为直接侵入破坏和视觉美感的损坏。一般只要工程建设不进入敏感目标划定保护范围，就不会产生严重影响。

2.2.1.6 对重点文物保护单位的影响

文物是文化遗产的重要组成部分，蕴含着各民族特有的精神价值、思维方式、想象力，体现着民族的生命力和创造力。保护和利用好文物，对于继承和发扬民族优秀文化传统，增进民族团结和维护国家统一，增强民族自信心和凝聚力，促进社会主义精神文明建设，都具有重要而深远的意义。但文物是不可再生的宝贵资源，一经损坏就意味着永远消失，而且价值不能用货币或经济单位衡量。

铁路工程是线状工程，线长、点多，在铁路建设过程中，可能会穿越不同级别的地上已知文物保护单位或压占地下未知文物。工程占用土地、大量土石方调配等，将破坏地表原状。铁路工程施工可能造成对工程影响范围内地上已知文物的影响，对于遗址类文物局部的文物堆积可能产生进一步的破坏，对于地下埋藏墓群可能产生压占或开挖破坏的影响，特别是对铁路穿过的文物古迹及在施工过程中铁路永久用地界内发现的地下未知文物。如果对铁路线路所经地上已知文物保护单位不予以避绕或保护措施失当，对地下未知文物未予以探明，将破坏文物的原生保存环境，可能造成难以弥补的损失。

2.2.1.7 对脆弱生态环境的影响

造成环境脆弱的成因很多，自然的成因包括风蚀、水蚀、溶蚀、干旱、干湿波动、排水不畅，是受全球地区性环境变迁所影响的，其变化在目前人类能力条件下还不能完全改变；其他一些人为因素对环境的影响已越来越显著。由于人类活动的干预，生态环境向改善和脆弱加剧两个方向发展。中国脆弱生态环境按其主要成因分为 7 大类：中国北方半干旱-半湿润区、西北半干旱区、华北平原区、南方丘陵地区、西南山地区、西南石灰岩山地区、青藏高原区。

脆弱生态环境中，动植物群落结构稳定性差，动植物种群类型少，且存在易引起自然灾害的潜在因素。铁路建设这一强烈的人类开发活动，势必会影响到路域的生态环境，特别是脆弱生态环境地区，破坏后的生态系统恢复难度更大。铁路工程对脆弱生态环境的影响主要表现在线路及路基占用的永久用地以及取、弃土场等临时工程占用的临时用地，对地表植被的破坏，使脆弱的生态环境在较长的时间内很难恢复。而且，即使通过人为的建设，由于区域的自然环境（如降水、土壤等）条件限制，短时间内也很难恢复。

2.2.1.8　对水土流失的影响

交通建设项目水土流失是在区域自然地理因素，即水土流失类型区的支配和制约下，由于各种自然因素包括气候、地质、土壤、植被等的潜在影响，通过人为生产建设活动的诱发、引发、触发作用而产生的一种特殊的水土流失类型。它既具有水土流失的共性，也具有自身的特性。尤其交通建设是线性项目，对地面的扰动特点表现为多种多样的形式，因此施工过程中对水土资源和土地资源的破坏是多方面的。交通建设过程要开挖山体、削坡、修隧道、架桥，高处要削低，低地要填高，因此对土地资源的破坏不仅仅是表层土壤，往往破坏至深层土壤，深者可达几十米，水土流失形式表现为岩石、土壤、固体废弃物的混合搬运。

根据铁路工程特点，在施工期，由于开挖坡面、采石取土、架桥铺轨、整修便道、机械碾压等，破坏了铁路沿线原有的地貌和植被，扰动了表土结构，使土壤抗侵蚀能力降低，山坡失稳，土壤侵蚀加剧，加上开挖隧道和剥离岩土排放弃土渣，导致水土流失大量增加。

铁路建设项目水土流失主要表现在以下几方面：

（1）坡面侵蚀。铁路路基工程修筑，路堑开挖和路堤填筑形成的人工边坡，增大了原地形地貌的坡度，降低了植被覆盖率，改变了岩土（地表）结构，导致土体抗蚀指数降低，土体保水能力减弱，在未进行坡面防护之前，边坡受降水冲刷易产生一定量的水土流失，淤积在路基两侧的排水沟中，并给排水沟外的农田作物生长带来危害。

（2）取土。施工过程中隧道洞口开挖、取土场取土、山坡上随意取料导致地表植被破坏，丧失了对土壤的保护作用，土层结构松动，自然状况下的土体稳定平衡和土壤结构被破坏，使表土抗蚀能力减弱，更为严重的是将表面土壤层和风化层剥取，将当地的树木、草皮及有机质含量较高的土壤层全部破坏而造成水土流失。

（3）弃土、弃渣。为工程排渣而设计的弃土场，将占压、破坏一定范围内的林草植被，减弱该地区涵水蓄水能力。如果弃土场位置选择不当或防护措施不当，当工程结束后，扰动后的裸露地表没有熟土，很长时间植被无法得到恢复，失去了原有地表的抗水蚀和风蚀的能力，受雨水冲刷，这些弃土、弃渣也极易产生水土流失，弃土、弃渣流失量占新增水土流失总量的 70% ~ 80%。

（4）由于铁路站场、路基的修建，可能局部改变地表径流的流速、流量、流向、通路等条件，从而诱发沿线地区的水土流失。

（5）铁路桥梁、涵洞的修建，可能会减小原有河流、沟渠的过水断面，改变其水文特征，造成冲刷加剧，增加水土流失。

2.2.1.9 对景观的影响

传统铁路施工主要是从经济发展要求和工程本身角度出发的，很少考虑工程施工本身对景观的影响。传统铁路工程施工对沿线景观造成的影响主要体现在以下几方面：

（1）不合理地设置取弃土场、砂石料场，这不仅在施工期影响景观，而且其造成的影响难以消除，从而导致长久性地影响景观的美感与和谐。施工完毕后，如果这些场地恢复措施不得力，这些区域和周边环境会呈现明显的不协调，给人一种"疮疤"的感觉。

（2）如果无序地设置施工营地和场地，将直接加大对景观的影响，并扩大对沿线地表面积的破坏，增加恢复的难度。施工营地和场地在使用后，若不进行及时的清理、整治，可能出现油污满地、垃圾遍布、植被枯死等一片狼藉的景象，使景观的自然性与和谐性失去平衡。

（3）施工便道设置如果只考虑施工方便，则可能分割自然景观，造成景观断裂。施工机械偏离便道随意行驶，将导致地表植被退化、枯死，留下车辙痕迹等，造成视觉污染。

（4）施工人员的生活垃圾、生活废水随意乱倒乱丢，造成施工人员活动范围内植被退化、死亡，导致视觉上的污染。

2.2.1.10 次生地质灾害的产生

铁路工程建设通过加载、卸载、排水、堵漏等多种作用形式对沿线生态环境产生扰动，导致区域地层或山体失稳、植被覆盖率降低、风化作用加强、水土流失加剧等后果。当扰动强度超过环境的承载力时，造成环境的破坏，进而可能产生次生灾害。由此导致的滑坡、崩塌、泥石流、地下突水等地质灾害，严重破坏生态环境，同时，也损坏交通线路。山区铁路较平原区铁路易于发生次生地质灾害，一般来说，线路越长，通过地区地质环境越复杂，其影响和破坏的程度就越大。1996 年，据不完全统计，世界上滑坡灾害的 75%以上与人类工程活动有关。

2.2.1.11 对声学环境的影响

噪声是一类引起人烦躁或音量过强而危害人体健康的声音。凡是妨碍到人们正常休息、学习和工作的声音，以及对人们要听的声音产生干扰的声音，都属于噪声。噪声是引起听力丧失的常见原因，事实上不只是职业暴露的工人，一般人在日常生活中都会有机会暴露在各种不同程度的噪声中，可能发生各种不同程度的听力丧失而不自觉。噪声不只是影响听力，还会影响心脏血管的健康、睡眠的品质，甚至胎儿的发育。

　　铁路工程施工期噪声声源主要来源于各种施工机械设备及运输车辆等，如路基施工中使用的振动碾压设备、强夯设备，桥梁施工中使用的打桩设备，隧道施工中各种爆破使用的空压设备、钻爆设备均会产生一定的噪声污染。而施工中的设备、材料和土石方等运输需动用大量运输车辆，车辆运输尤其是载重汽车噪声辐射较高，而沿线城镇及乡村较多，且许多敏感点位于铁路边，因此车辆运输在施工期将会对沿线敏感点产生较大干扰（图2.6、图2.7）。干扰主要集中在施工准备、路基土石方施工及房屋建筑施工阶段。开山放炮或机械化施工路段，由推土机、挖掘机、装载机等施工机械产生的噪声，将对周围环境产生一定的影响。

图2.6　运行于沈阳皇姑屯地区的快速列车　　　图2.7　城际铁路线

2.2.1.12　对水环境的影响

　　铁路项目建设期间影响水环境的主要因素包括砂石料冲洗废水、混凝土养护废水、机械和车辆冲洗废水、施工人员生活污水等。

　　生活污水包括粪便污水、厨房污水和洗浴废水等，其主要污染因子为COD、$NH_3—N$、SS和TP，其中以粪便污水中的污染物数量最高。砂石料冲洗废水、混凝土养护废水、机械和车辆冲洗废水的主要污染因子是SS、COD_{cr}、BOD_5、石油污染等。但施工期间无论是施工废水还是生活废水都是暂时的，随着工程的建成，其污染源也将消失。对水环境的影响主要有以下两个方面：

（1）地表水的影响。

在铁路工程项目建设期间，施工队伍的生活污水、施工机械的油料遗弃、施工机械和运输工具产生的清洗废水、不良机械及自设油库的油类泄漏、水中墩台修建时的泥浆水等都会对地面径流、附近河流、水源、农田等水质造成很大影响。在铁路桥梁施工时，遗漏的化学品、油污、固体污物洒落水体将直接对水体产生污染。

（2）对地下水的影响。

铁路工程项目施工活动（如开挖、爆破作用和钻孔等）会影响施工区与地下水的质量和数量，改变地下水资源埋藏和运动的条件，破坏正常的自然规律。水文扰动导致水流和数量的变化，进而影响路边甚至距离较远地区的动植物。如在地下水发育地区修建隧道，由于隧道开挖引起地下水流向发生变化，隧道涌水有可能使原地下水位下降，造成地表径流枯竭，水塘、地下泉水干枯，植被死亡，影响当地居民生产、生活用水。

在地下水位对人们日常生活或农业应用十分重要的地区或对动植物的生存至关重要的干旱地区，应特别注意地下水位的变化。在预期水流会发生重大变化的地区，水系的动态特性有时会造成广泛的连锁反应。

2.2.1.13　对大气环境的影响

传统铁路建设施工期间，各种施工机械和交通工具排放的尾气，前期工程大量拆迁工作的扬尘，土建工程中所需散粒体材料水泥、砂子、石灰等在运输过程中的洒落，施工弃土在外运过程中的洒落，各种油品的泄露等都会对施工现场及周围产生一定的大气污染，产生的主要大气污染物为 CO、NO_x、SO_2 和粉尘，其中以粉尘污染最为严重。它能导致大气环境中 TSP 指标升高，影响植物的光合作用与正常生长，使局部区域植被坏死和农作物减产，大量粉尘飘落在建筑物和树木枝叶上，影响周围环境卫生及沿线景观。另外，工程中使用的某些建筑材料也是大气污染的因素，如人造木板释放出的甲醛，人造矿物纤维、表面涂料、地板黏结剂、高分子聚合物离解出来的单体，加气混凝土中放出来的氡气以及氮的氧化物、二氧化碳、一氧化碳等，均是空气的污染源。

2.2.1.14　固体废弃物对环境的影响

铁路建设项目一般涉及的施工项目较多且工程数量较大，从而会产生大量的建筑固体废物，如路基土石方施工中挖出来的大量不符合路基填筑要求的弃土，在线路大修或既有线路提速改造中清筛出的大量弃渣，隧道施工中开挖出的大量弃渣，废弃桥梁、拆除房屋产生的建筑垃圾等，不仅会占用土地、破坏植被，而且还是泥石流的物质源，对环境有一定的潜在影响；在沿河、越岭隧道弃渣困难地段还有侵占河床、影响行洪的可能；在特定地区会影响环境景观；隧道围岩放射性异常时，其弃渣会对周围环境造成"辐射"污染等。

　　另外，铁路施工项目需用的劳动力密集，易产生大量的生活垃圾（图 2.8）。如京秦客运通道提速改造工程中，加固路基基床时，日投入劳动力近 2 万人，每日中午工地用饭的一次性饭盒就有 4 万多个，如不合理控制和处理，将造成很大的白色污染。而厨房垃圾及其他有机物类，若不加处置会滋生蚊虫和老鼠，极易传播疾病。

图 2.8　铁路沿线随意丢弃的垃圾

2.2.2　铁路运输对生态环境和社会环境的影响

　　传统铁路运营期间一切环境污染均源于机车车辆与站点，它们沿铁路形成一定范围的带状污染，主要表现为机车及车辆所排放的有害气体，列车运行所产生的噪声、振动、电磁干扰，为运输生产配套的有关站、段的生产、生活设施所排放的三废等对周围环境的影响和污染。

2.2.2.1　对声环境的影响

　　随着社会经济的不断发展，交通噪声对人们的影响越来越受到公众关注。交通噪声狭义上指机动车辆在市内交通干线上运行时所产生的噪声。广义上是指汽车、飞机、火车等交通运输工具在行驶中所产生的噪声。常见的交通噪声问题有机场噪声、铁道交通噪声、船舶噪声，其中铁路噪声具有受众面广、声能量高的特点，日渐成为人们关注的重点。

　　同时，随着铁路的发展以及城市现代化建设的推进，将有更多的铁路线路通过城郊及人口密集区域,这些都使噪声问题显得越来越突出和重要。

传统铁路运营过程中影响声环境的噪声源有客货列车本身以及站、段、所的固定设备等,产生的噪声可分为流动噪声和固定噪声两种类型。

(1)流动噪声。客、货列车沿铁路运行产生的列车运行噪声成为典型的流动噪声,具有线长、面广、间歇性的特点,对铁路沿线居民聚集区和铁路穿越城市的市区都会产生明显的干扰。

① 机车鸣笛噪声。机车鸣笛有两类:一是风笛,属于宽带噪声源,声能频率集中在 500~4 000 Hz;二是汽笛,以高频成分的点声源为主,它具有声级高、声能强、突发性的特点。列车鸣笛噪声是铁路沿线环境噪声中最扰民的噪声。

② 列车运行轮轨、制动及撞击噪声。轮轨噪声,即钢轨与车轮之间相互作用而产生的噪声,是铁路噪声的主要声源之一;制动噪声是列车在正常或紧急制动状态下发出的尖叫声,这种闸瓦制动噪声具有高频纯音特性;列车撞击噪声,是列车在运行中的加速、减速,编组场的大量解编作业及车辆溜放后挂钩冲击产生的噪声。

③ 车辆设备噪声。即列车车辆设备运行时产生的噪声。

④ 列车运行车体噪声。即机车、车辆车体因振动而辐射的结构噪声以及牵引噪声经机车车体作二次辐射的噪声。

⑤ 高架结构噪声。一般高架结构噪声较地面轨道交通噪声高得多,由于采用高架结构,声源位置提高,噪声影响范围扩大。

⑥ 空气动力噪声。随着列车速度增大,空气动力噪声会随之上升。

(2)固定噪声。铁路枢纽以及各种客运站、货运站、编组站、机务段、车辆段承担着铁路客货运输的集中和分散、机车车辆的运行和维修任务,产生了大量的固定噪声,不仅对站场内部产生干扰,也会超越站场边界对站场周围环境造成干扰。

铁路噪声和其他交通噪声一样,不仅对动物的繁衍和栖息产生不利影响,还对人体的心理和生理健康构成危害。其中,对人体的心理影响主要表现为主观烦恼,包括注意力、记忆力、思维能力及睡眠的干扰,而生理影响包括造成听力系统、心血管系统及神经内分泌系统等功能衰竭或障碍,甚至引发病变。但相对于高速铁路,传统铁路噪声峰值声级较低,噪声传播距离较近。传统铁路因少有高架声源,因此噪声传播过程中受到的阻挡较多,影响范围较小。

2.2.2.2 对振动环境的影响

铁路列车引起的环境振动问题作为一种新型的环境公害,其影响范围正在逐步扩大。

传统铁路列车振动主要是列车在运行过程中轮轨相互作用、激励产生的机械振动，经由空气以及大地介质传播。通过空气传播的振动即成为列车噪声中的轨道结构振动。通过道床、路基传播到大地中的部分则以振动的形式表现出来，对其周围环境产生各种影响，其影响程度与车速、列车类型、承载质量、轨道技术状况（长轨或短轨、木枕或混凝土枕）、基础种类、地质状况及受声点与轨心的距离有关。在列车运行速度不高的情况下引起的振动噪声在大多数时候都能满足标准要求（≤80 dB），但列车速度超过 100 km/h 时，30 m 处的 I 振级将超标。传统铁路列车振动主要表现为对沿线居民身体健康、建筑安全、一些精密设备的影响。

（1）对人体健康的影响。

振动对人体健康的影响包括生理和心理上的，其影响范围涉及人的血液循环系统、呼吸系统、消化系统、神经系统以及听觉、视觉、人体平衡等许多方面。当振动比较强烈时，会造成骨骼、肌肉、关节及韧带的严重损伤；当振动频率和人体内脏器官的固有频率接近时，还会由于引起共振而造成内脏器官损伤，导致呼吸加快、血压改变、心跳加快、心肌输出血量减少等；在消化系统方面则会导致胃肠蠕动增加、胃下垂、胃液分泌和消化能力下降、肝脏的解毒功能代谢发生障碍等；在神经系统方面则会造成失眠、交感神经兴奋、腱反射减退或手指颤动等。人长期处于振动环境中，会由于接触不同频率的振动而受到不同程度的伤害。

（2）对建筑安全的影响。

虽然铁路振动的振幅和能量都比较小，对建筑物安全不会造成像地震那样的剧烈损害。但是，由于该振动的长期存在和反复作用，会使建筑结构的强度降低，从而出现裂缝或者引起建筑结构变形，使墙壁龟裂、石块滑动、墙皮剥落、地基变形和下沉，最终影响建筑物的安全和正常使用。

（3）对精密设备的影响。

振动可使精密仪器由于受到外部振动干扰引起设备本身不平衡、不同心、松动等，从而使设备失去灵敏性，同样可使设备某些零件变形、断裂、精度下降，从而造成严重事故，降低精密仪器的使用寿命。

2.2.2.3　对大气环境的影响

传统铁路运输对大气污染最主要的来源是内燃机车的燃油和各站段的固定

锅炉。排放的主要污染物有一氧化碳（CO）、二氧化硫（SO_2）、氮氧化物（NO_x）、颗粒物（TSP）等，它们在铁路两侧形成的污染及范围主要随列车行车密度、气象（风速、风向及大气稳定度类型）和地形条件等多种因素变化而变化，并在一定范围内明显影响环境空气质量。

这些空气污染物对人体健康及公共环境的影响如下：

（1）一氧化碳（CO）。

CO 是无色、无味、无刺激的含剧毒的无机化合物气体，比空气略轻。CO 经呼吸道吸入肺部被血液吸收后，能与血液中的血红蛋白结合合成 CO—COHb（血红蛋白）。CO 与 COHb 的亲和力比氧气大 250 倍，一经形成离解很慢，使血液失去传送氧的功能，发生低氧血症，因而导致人体内各组织缺氧。当人体血液中 CO—COHb 的含量为 20%左右时就会引起中毒，当含量达 60%时可因窒息而死亡。

（2）二氧化硫（SO_2）。

SO_2 是一种无色气体，空气中浓度达 10^{10} 时，大多数人都会有感觉，当浓度再高一些时便感觉有刺鼻的气味。

SO_2 被人体吸入呼吸道后，因易溶于水，故大部分被阻滞在上呼吸道。在湿润的黏膜上生成具有腐蚀性的亚硫酸，一部分进而氧化为硫酸，使刺激作用增强。如果人体每天吸入浓度为 10^{-10} 的 SO_2，8 h 后支气管和肺部将出现明显的刺激症状，使肺组织受到伤害。SO_2 还可被人体吸收进入血液，对全身产生毒性作用，它能破坏酶的活力，影响人体新陈代谢，对肝脏造成一定的损害。

（3）氮氧化物（NO_x）。

氮的氧化物较多，列车排出的氮氧化合物主要是 NO 和 NO_x，统称氮氧化合物（NO_x）。

NO 是一种无色、无嗅、无味的气体。它与血红蛋白的结合力比氧高 30 万倍，如果 NO 侵入人体与血红蛋白相结合，就会造成体内缺氧，严重时可引起意志丧失，甚至死亡。NO 本身对呼吸道亦有影响。因此，NO 对健康的影响是不容忽视的。

NO_2 是棕色气体，有特殊的刺激性臭味。NO_2 被吸入肺部后，能与肺部的水分结合生成可溶性硝酸，严重时会引起肺气肿。

（4）颗粒物（TSP）。

传统列车排气中的颗粒物主要有铅化物颗粒和燃料不完全燃烧而生成的烟雾，主要危害人类的呼吸系统。

2.2.2.4　对电磁环境的影响

电磁污染已被公认为是排在大气污染、水质污染、噪声污染之后的第 4 大公害。联合国人类环境大会将电磁辐射列入必须控制的主要污染物之一。据国外资料显示，电磁辐射已成为当今危害人类健康的致病源之一。

电磁辐射是电磁能量以电磁波的形式通过空间传播的现象，它的传播速度即为人们通常所说的光速。电磁辐射可按其波长、频率排列成若干频率段，形成电磁波谱。频率越高，该辐射的量子能量越大，其生物学作用也越强。电磁辐射源可以分为自然电磁辐射源和人为电磁辐射源。雷电、太阳黑子活动、宇宙射线等都产生电磁辐射，这是自然电磁辐射源；而人为的电磁辐射源主要有各类无线电设备，如移动电话机、无线对讲机、室内无线电话、广播电视发射机、微波和卫星通信装置、雷达、无线电遥控器等，也包括工业、科学和医疗设备，如微波炉、高频护眼灯、医疗磁共振设备、氩弧焊机、射频电热器、高频热合机、交流高电压输电线、转换开关、电动机、发电机、电视机、计算机等。电磁辐射是由电磁发射引起的，可以说所有的用电器都会产生电磁辐射。

传统电气化铁路大幅度地提高了运输能力、节约了能源、减少了对大气和水环境的污染，但其对电磁环境造成的影响已经成为了不容忽视的公害。电气化铁路的电磁污染主要来源于变电所、接触网系统、电力机务段以及一般性故障，主要表现为对铁路沿线重要无线电设施及居民身体健康等方面的影响。

（1）对无线电设施的影响。

① 对电视差转台的影响。根据国家有关规定，电视差转台正常工作的临界接收场强为 47 dB。当电视接收机输入端信噪比（D/U）大于 35 dB 时，图像不受影响。因此，干扰场强需低于 12 dB 才能保证各频道的正常工作。经测试计算，使电视差转台正常工作的最低保护距离为 209 m，否则将会对其正常工作造成影响。

② 对广播收信台的影响。根据国家广播电影电视总局规定的标准，经测试，中波收信台的防护距离不大于 500 m，短波收信台的防护距离为 200 m。否则将会对沿线广播收信设备造成影响。

③ 对电视接收机的影响。根据国家广播电影电视总局的规定，电视发射台服务半径的边界信号场强应达到 57 ~ 70 dB（μV/m）。经现场测试，当电视信号场强符合要求时，距电气化铁道 40 m 以外，电视画面不再受干扰，即使在 20 m 附近，仍能保证 99% 的时间正常收看；变电所造成的干扰比较平稳，40 m 以外不会对电视造成干扰。

（2）对人体健康的影响。

电磁辐射对人体的危害主要取决于其频率、强度、作用时间及其机体内电流分布和人体组织特性，侧重于对人体神经、血液、代谢和性机能等方面的影响。人体长期处于高电磁辐射环境中，会使血液、淋巴液和细胞原生质发生改变，影响循环系统、免疫、激素分泌、生殖和代谢功能，严重的还会加速癌细胞的增殖，诱发癌症以及糖尿病、遗传性疾病等病症，对儿童甚至还可能诱发白血病。

2.2.2.5 对水环境的影响

传统铁路运营期间排放的污水按大类分为工业污水与生活污水。工业污水包括铁路机务段、车辆段及机车车辆修造工厂产生的含油污水，约占铁路运输生产污水总排放量的 90%。目前，铁路污水的处理率和达标率较低，各站段排水的重复利用率不高，水资源浪费比较严重。此外，铁路对水体的污染还包括车站、铁路职工生活区、沿线旅客的生活污水，生活污水中含有大量的碳水化合物和具有氮、磷、硫等营养元素的有机物，还包括洗涤剂和许多病原菌，在进入天然水体后，会造成水中溶解氧的大量消耗及促进水富营养化，尤其在雨水的冲刷下流入线路两边的河沟和农田，造成沿线附近水体的污染；同时还可能造成病原菌和病毒通过水的媒介使疾病蔓延。

2.2.2.6 固体废弃物对环境的影响

铁路运营期固体废弃物的产生主要来源于旅客列车垃圾、粪便及货车洗刷所产生的固体废物等。这些废物处理不当，一方面将会影响铁路周边的景观，另一方面也将会对铁路沿线的土壤、地下和地表水环境造成一定的影响。

总而言之，铁路建设是一项对社会、经济、环境、资源具有深远影响的开发活动，其施工建设和运营在促进了沿线地区社会经济发展的同时，必然对生态环境造成较大的破坏和污染。由于铁路工程具有线长、面广等特点，所以对环境的影响范围大、涉及面广，而且贯穿于铁路建设和运营的全过程。如何减少铁路运输对环境的扰动和影响？如何在让交通运输促进经济发展的同时，又使其对环境的副作用维持在一个合理的阀值之内？如何使铁路运输对生态的破坏不超过环境的最大承载能力？这些难题都困扰着该领域世界各地的学者们，对正处于发展中国家的我国，解决该课题更是迫在眉睫。传统铁路对环境的不利影响深为人们所诟病，人们对铁路提出了更高更新的要求，不仅要求铁路能够量大迅达地运输货物、方便舒适地运送旅客，而且要求铁路安全环保、节能降耗，能够与社会、经济、资源和环境和谐统一，以实现铁路运输的可持续发展。一种新的可持续发展的交通运输理念——绿色铁路，应运而生。

2.3　绿色铁路的概念

2.3.1　问题的提出

2.3.1.1　绿色的概念

人们一般从自然生态方面理解"绿色",即以绿色泛指保护地球生态环境的活动、行为、思想和观念等。具体地讲,绿色的含义包括两个方面:一是保护和创造和谐的生态环境,以维护人类社会的持续发展;二是依据"红色"禁止、"黄色"示警、"绿色"通行的惯例,以绿色表示合乎科学性、规范性,以绿色表示保护人类通行无阻的可持续发展行为。也有学者从哲学角度解释绿色,即以绿色喻指征服自然的科学精神和工业主义的结合,把保护环境的思想加进改造自然、征服自然的思想框架之中,把改造生态的技术措施不断施用于工业体系之中,以更好地开发自然、利用自然,不断促进人类的发展。"绿色"代表了一种思想观念、思维方式、哲学思潮,更代表了人与大自然和平相处的愿望。

2.3.1.2　绿色技术的概念

"绿色技术"(Green Technology)概念发端于 20 世纪 60 年代西方工业化国家的社会生态运动,绿色技术概念的产生与绿色技术的全面发展,是人类由工业文明走向生态文明的标志。一般认为,绿色技术具有以下含义:① 绿色技术首先是保护环境,节约能源、资源的技术;② 绿色技术是促进生态平衡,保持人与自然界和谐发展的技术;③ 绿色技术不仅是某一种技术或产业部门的技术,而且是一门系统技术。"绿色"既包含在产品的设计制造阶段,又包含在产品的回收利用阶段;既是一种技艺、技巧和方法,又是一种思想、意识和行为。综上所述,绿色技术就是保护环境,维持生态平衡,节约能源、资源,促进人类与自然和谐发展的思想、行为、技艺和方法的总称。

2.3.2　绿色铁路的概念

"绿色铁路"的概念为:以环境价值为尺度,运用各种绿色技术,在确保铁路运输安全、快捷、高效的条件下,不断减小铁路及配套设施对生态环境的负面影响,具有良好的经济效果,促进社会进步,减少资源消耗,具备可持续发展能力的铁路。

具体地说,绿色铁路包括以下含义:① 铁路修建、运营和管理适合我国绿色 GDP 经济核算的要求；② 将铁路产业的外部不经济性内部化，提升铁路运输的竞争力；③ 促进社会的稳定发展，增进民族团结；④ 节约各种能源和资源，实现清洁生产；⑤ 减少对生态环境的不利影响，保护环境；⑥ 具备完善的安全保障体系；⑦ 具备更高的运输速度和更强的运输能力；⑧ 铁路和区域社会、经济、资源、环境协调统一，持续发展。

　　铁路是运输事业的一个分支，绿色铁路可以理解为可持续运输在铁路上的一个细化。与传统的运输发展概念相比，绿色铁路主要有 4 个特点：一是在经济上尽量使建设和运营的外部成本内部化；二是通过技术水平的提高和装备的改进及管理的现代化，节约使用各种资源，使有限的资源支持更大的建设和运营需求；三是尽量减少每单位建设和运营经济活动造成的环境压力；四是从单纯以运输量的高速增长为目标转向以谋求综合平衡条件下的可持续发展为目标。

　　绿色铁路是一个庞大的综合体系，是一项复杂的系统工程，诸如铁路线路的绿化、边坡防护、控制振动和噪声等各种工程措施只是绿色铁路具体的一个环节或分支，是部分和整体的关系。从绿色铁路的定义可知，它包括了铁路及配套设施如车辆、站场等从踏勘选线—施工建设—运营维护的所有环节，即铁路建设全过程的可持续发展。

2.3.3　绿色铁路的内涵

2.3.3.1　绿色铁路促进了经济的持续增长

　　绿色铁路的根本目的是促进区域经济持续增长。通过绿色铁路的修建和运营，改善当地人民的精神生活和物质生活，特别是对于我国欠发达的地区，如云南、贵州和四川等西部地区。经济的发展是摆脱贫困、改善环境和社会进步的基础。经济得不到发展，不仅生产落后，而且会带来环境的进一步破坏，对于社会的进步十分不利。

2.3.3.2　绿色铁路适应了社会的不断进步

　　绿色铁路以改善和提高生活质量为目标，与社会的进步相适应。社会进步的最具体表现是人的进步，是人与人交往的进步，具体说来包括人的认识提高、意识的普及、社会的公平和平等等内容。如果社会不能进步，经济的发展所带来的结果将是无益的，对资源和环境也将是不利的。

2.3.3.3　绿色铁路保持了自然资源的可持续利用

　　绿色铁路要以自然资源为基础，与资源的承载能力相协调，保持资源的持续利用，即在铁路发展中体现出自然资源的价值。资源可以简单根据可否更新而分为两类：一是可更新资源，如阳光、风、水力资源等；二是不可更新资源，如石油、天然气、煤等常规能源。对于不可更新的资源需要有计划地根据生产力的进步而进行利用，并寻求各种可以替代的资源类型。对于可以更新的资源，主要的问题是如何将使用的量保持在一定限度，使资源的更新速度与资源的使用速度之间能够实现一种平衡或保持资源的增长，这样才能实现资源的可持续性利用。

2.3.3.4　绿色铁路有利于生态环境的保持和改善

绿色铁路中"绿色"两字的最初含义即保护、维护和改善生态环境。人们向往一种有益于人体健康和心情愉悦的环境，包括清新的空气、清澈的水体、绿色覆盖的大地和丰富多彩的动植物。对于目前良好的环境需要保持，而对于受到破坏和被污染的环境则需要进行改善，使环境更加适合人的生活。"绿色"可以通过适当的经济手段、技术措施和政府干预得以实现，如鼓励清洁生产工艺等。

2.3.3.5　绿色铁路满足了经济、社会、资源和环境的协调发展

依据我国"十一五"规划，绿色铁路与经济发展、社会进步、资源利用以及环境保护，它们之间必须是相互协调、辩证统一的。过于强调某一因子而忽视另外一些因子，将会导致铁路的不可持续。只有将它们作为一个系统，综合考虑其协调的发展才可能实现真正意义上的"绿色铁路"。

总之，绿色铁路建设要求以环境价值为尺度，从资源角度看问题，环境也是一种自然资源。环境的价值，首先取决于它对人类的有用性，其价值的大小则取决于它的稀缺性和开发利用条件。环境价值提倡保护环境，其最终目的是人类的幸福和健康。以人为中心是提倡环境价值的核心，真正的以人为中心是从人类对自然的长远利益出发，把人和自然作为一个整体来看待，努力调节人与环境的关系，这也是环境价值的实质所在。从价值论观点看，在铁路建设中运用绿色技术，实质上是通过投入人力、物力、财力，减少和消除因为铁路建设这种人类经济活动对生态环境产生的破坏和不良影响，避免人类活动对于外部环境的过度索取，保护好对于人类发展更有价值和长远利益的自然环境，同时加快铁路建设的现代化、智能化、人性化进程，从而提高铁路运输的竞争能力。同时，随着"绿色"的不断深入人心，人们在享受绿色铁路所带来效益的过程中逐渐形成的保护生态环境的思想、观念、行为和意识，对于促进我国社会进步，刺激区域经济发展，提高人口素质，最终保护好与人类发展密切相关的生态环境，都具有不可忽视的作用。

3 绿色铁路的理论

3.1 可持续发展理论

工业革命以来，特别是 20 世纪中叶开始产生的明显的资源、生态与环境问题，使地球和人类遭受了极大的伤害及威胁，人们开始进行了严肃的思考。大批有识之士在长达数十年的研究、矛盾甚至争论后，终于意识到问题出在传统的经济发展模式上，可持续发展的全新概念被提到了人类发展战略中来。可持续发展问题的实质就是人口与资源、环境之间的矛盾。截至 21 世纪初，全世界人口总量已经超过 60 亿，联合国预计全球人口总量将增加到 2025 年的 80 亿和 2050 年的 93 亿。人口增长给人类社会带来了一系列问题，如贫困蔓延问题、水资源短缺问题、土壤匮乏问题、能源供给问题、粮食安全问题、环境污染问题、生态保护问题，以及教育问题等，这一系列问题给地球生态平衡与人类持续发展提出了严峻的挑战，因此，可持续发展问题实际上也是一个全球性问题。

3.1.1 可持续发展理论的起源

"可持续性"一词最初应用于林业与渔业，主要指保持林业和渔业资源源源不断的一种管理战略。但作为一个概念，可持续发展已有漫长的历史渊源，"钓而不纲，弋不射宿""春二月，毋敢伐树木山林……""为人君而不能谨守其山林……"等都包含了朴素的可持续发展思想。在我国春秋战国时期，著名的思想家孟子、荀子就有对自然资源休养生息，以保证其永续利用等朴素可持续发展思想的精辟论述。西方一些经济学家如马尔萨斯（1802 年）、李嘉图（1817 年）和穆勒（1900 年）等，也较早地在著作中提出过人类消费的物质限制，即人类的经济活动范围存在着生态边界。

到了近代，环境问题的日益突出，环境污染的日趋加重，在有识之士的研究基础上（1962 年蕾切尔·卡逊的《寂静的春天》、1972 年罗马俱乐部提交的《增长的极限》研究报告），以及世界各国的共同关注和努力下（1972 年在斯德哥尔摩召开的联合国人类环境会议、1987 年世界环境与发展委员会提交的《我们共同的未来》以及 1992 年在巴西里约热内卢召开的联合国环境与发展大会），可持续发展由最初的一个概念发展成为了一个逐步完善的理论体系，各个学科从各自的角度对可持续发展进行了不同的阐述，虽然至今尚未形成比较一致的定义和公认的理论模式，但其基本含义和思想的内涵却是相一致的。

可持续发展的概念是在 1972 年联合国第一次人类环境大会《增长的极限——"罗马俱乐部"关于人类困境的报告》中首次提出的，它要求摒弃自工业革命以来把单纯追求经济总量的增长作为衡量发展唯一标准的传统发展观，而主张经济、社会、资源、环境、科技与人口的协调发展。目前沿用的可持续发展的基本定义是挪威首相布伦特兰夫人在《我们共同的未来》中提出的概念，即"既满足当代人的需求，又不对后代人满足其自身需求的能力构成危害的发展"。这一概念是在广泛吸收与综合各方面观点的基础上提出的，具有广泛的认同性。

1992 年 6 月，在巴西里约热内卢召开的第 2 届"世界环境与发展大会"（简称"里约环发大会"）上，通过了《里约热内卢环境与发展宣言》（简称《里约宣言》）、《21 世纪议程》以及《关于森林问题的原则声明》等一系列纲领性文件，签署了联合国《气候变化框架公约》和联合国《生物多样性公约》，充分体现了当今社会可持续发展的新思想、新意识，反映了关于环境与发展领域合作的全球共识和最高级别的政治承诺。

2002 年，在南非召开的世界可持续发展首脑峰会为进一步加强全球范围内的可持续发展达成了共识，对推动全球可持续发展合作、促进全球可持续发展能力的持续提高起到了积极作用，并为未来全球可持续发展定下了基本基调。

20 多年来，国际社会和各国政府为实施《里约宣言》和《21 世纪议程》做出了不懈努力，在推进经济、社会、资源、环境协调发展方面迈出了重要步伐。主要表现在：形式多样的多边与双边环发合作逐步走向深入；全球合作进一步加强，一个包括政府、非政府组织、民间团体和公民个人参与的合作体系逐步建立起来。里约会议最重要的成果是在全球建立起一个以"里约精神"为基础的新型伙伴关系。里约会议本身及其长时间的筹备，使各国最高政治层以及社会、经济各个阶层认识到：不仅环境危机本身是相当棘手的问题，而且要处理好环境与社会经济的相互关系也是十分复杂的。世界环境与发展大会本身形成了一个由国际组织、各国政府机构、非政府组织、学术团体及个人组成的国际大家庭，他们相互交换观点、表达意见、取得共识，共同推动可持续发展战略在全球的实施。

3.1.2 传统发展观与可持续发展观

传统发展观源于西方传统经济学，是西方发达国家当年工业化进程的产物，战后 20 世纪 50 年代至 70 年代初，成为全球各国普遍接受的发展观得以广泛推广。传统发展观推行以经济增长为核心的发展战略，以国民生产总值增长率作为衡量发展的指标。传统发展观对西方国家实现经济增长、战后发达国家振兴经济起过重要作用，但伴随经济增长也带来了失业增加、贫富分化、资源短缺等世界问题。现实说明，一些世界问题单靠经济增长是解决不了的，于是人类又在探求另外一种发展观。70 年代初至 80 年代中期，面对全球日渐突出的两极分化，人们开始认识到增长和发展是两个不同的概念。增长只是物质量的扩大，而发展则是经济增长到一定程度所引起的产业结构的演进，以及社会生活诸方面的变革与发展。其着眼点不仅重视人类社会物质产品的需求，而且还包含同等数量非物质产品方面的需求。衡量经济发展的指标除了人均 GNP 外，还增加了社会和生活质量指标。但随着全球工业化进程的不断加快，尤其是西方资本主义大国片面追求自身利益，对资源环境造成巨大压力，导致全球性生态环境灾难频频出现。严酷的现实，需要人们重新反思传统的发展观，于是，可持续发展观应运而生。

可持续发展观是在 80 年代以来提出的一种全新的发展观，1992 年在巴西召开的环发大会上，得到全球共识。人类社会实现持续发展，必须遵循三个方面的发展原则，即公平分配的社会原则、增长与效率统一的经济原则、资源需求与限制的自然原则。这是势在必行的人类社会发展模式的最佳选择。

两种发展观的不同可以总结为以下几个方面：

3.1.2.1 哲学基础不同

对制约发展观形成的指导思想起支配作用的是某种哲学观点，这种哲学观点成为发展观的哲学基础。通过人类发展史的反思不难看出，人类在不同时期的存在和发展类型，首先受制于他们对其与自然界关系的认识和处理，表现为不同的人地观。传统发展观人地关系的致命点是人类中心论，在自然面前人的为所欲为，在获得丰厚物质成果的同时，也带来了自然界对人类的严重报复的恶果。而可持续发展观经过历史和现实的反思，强调辩证综合的人地观，既不是复归古代对自然的过分敬畏，又不是工业社会对自然的驾驭统治，而是既肯定"人在自然中"，将人类融合于自然中，获得共存和受益，又充分认可人在自然面前的主观能动性，发挥"人在其外"的"看护者"作用，进入人与自然高级阶段的统一，寻求和自然共生共荣的发展道路。人地矛盾的主要方在于人，人类如何处理好理性追求与现实价值取向这一对矛盾，将是人与自然在发展过程中能否达到高度和谐统一的关键，它有赖于人的素质的全面提高。因此，挖掘人类至善至美的潜力和无穷性，将是我们推进可持续发展、解决认识论问题的关键。

3.1.2.2 发展目标不同

传统的发展观将社会发展仅仅看作是一种经济现象，将其增长率视为社会发展的尺度。实践已经证明，这种发展模式带来了许多弊端。而可持续发展观所追求的目标是强调生态、经济、社会的协调发展，把社会当作一个复杂有机体看待，从社会的整体结构和功能出发，寻求总体的最佳发展，实现社会的全面进步。人的生活质量的全面提高和社会的全面进步，将是可持续发展观追求的终极目标。

3.1.2.3 增长方式不同

增长是任何一种发展观追求的目标之一，没有增长也就没有发展，这里的关键是增长的方式。传统发展观推行的是一种粗放型的增长方式。这种增长方式是以粗放的外延发展为其特征，通过高投入、高消耗、高污染来实现高增长。可持续发展观提倡集约化的增长方式，以低投入、低消耗、低污染来实现经济适度增长，而大力推行清洁生产是经济增长方式转变的重要组成部分，是我国在工业、交通、能源等领域实现可持续发展的核心战略措施。农业增长方式的转变也要走集约化与生态化持续农业的发展路子。经济增长方式的转变归根到底要依靠科学技术的创新，这是可持续发展的主动力。

3.1.2.4 消费模式不同

合理的、适度的消费模式，不仅有利于经济的持续增长，同时还会减缓由于人口增长带来的种种压力，使人们赖以生存的环境得到保护和改善。传统发展观使人类的"物欲"不断膨胀，一味追求物质享受和毫无节制的消费，特别是以发达国家为代表的生活方式，是以牺牲全球其他国家的资源环境为代价的。发展中国家贫困地区低水平、结构单一的消费模式，也对资源环境造成了较大压力。可持续发展观从尊重人类自身、自然环境本原出发，强调树立物质享受和精神文化需求相统一的适可而止的消费观念，逐步建立起一套低消耗的生产体系和适度、合理的消费模式，以确保人类过着真正的人的生活。

3.1.2.5 文明标准不同

人类已经经历了采猎文明、农业文明、工业文明等几个阶段。传统发展观一直是以物质文明为中心的，而忽略了精神文明特别是生态文明的建设，而物质文明的建设只注重经济效益，而忽视了社会效益和生态效益。物质文明的进步并不简单地等同于社会进步，更不能取代社会的全面发展。可持续发展观坚持生态、经济、社会可持续发展，而这三方面的持续发展又具体表现在生态文明、物质文明和精神文明的有效建设和进步上。三个文明的协调推进才是社会的全面进步。生态文明建设的提出是人类文明发展史上的一个划时代的进步。通过生态文明的建设，使人类生态意识或环境意识觉醒，善待自然、尊重自然、与自然和谐相处。生态文明的建设已成为实施可持续发展的文明基础。

3.1.2.6　发展的时间尺度不同

发展的时间尺度是发展观实施的进程。人类的作用就在于通过自身的努力加速或延缓发展进程。两种发展观在发展时间的定位上是不同的。经济增长主要指短期的经济变动，经济发展则着眼于较长期的发展，其最长的时间视野也仅限于当代人的发展利益。而可持续发展观则体现更长期的持续，提出了代间伦理观，倡导代际平等原则。由此不难看出，可持续发展观对人们的实践活动起着长远性和根本性的指导作用，为实践决策提供趋利避害、择善而行的根据。如果说可持续发展的提出主要是通过历史反思，那么它的付诸实施则需要有超前认识作为指导，并且需要几代人的努力。

3.1.2.7　发展的空间尺度不同

人类追求的一系列发展目标总是在一定的区域范围内进行的。人类在不懈的拓展过程中，一方面，使生存空间得到充分的扩展；另一方面，随着人口的不断增长和人口密度的不断扩大，自然资源人均占有量的不断减少，生存环境的不断污染与破坏，地球生存空间变得日益狭小，人类终于意识到生存与发展空间的有限性。认识到人类在把握发展时间尺度的同时，也必须处理好空间尺度关系，否则，人类的发展将失去"立足之地"。发展的空间尺度在发展中的现实表现主要是区际关系的冲突和区域的贫富分异。在社会发展的低级阶段，全球各区域间是一种封闭式区际关系。现代社会受区域集团经济利益的驱动，出现了掠夺式和转嫁式区际关系。如发达国家对发展中国家资源的掠夺，一些发达国家打着投资和合作的旗号，将污染项目、污染物、危险品转移到发展中国家。这种区际关系下的发展空间密度差异日渐悬殊，特别是处在两头状态下的区域，强发展和弱发展都对地球整体生态环境造成破坏，最终影响到所有区域的发展。可持续发展观倡导代内平等原则，强调任何区域的发展，都不能以损害其他区域的发展为代价，特别从全球区域层次上，应当顾及发展中国家的利益和需要，从整体上防止贫富悬殊，提倡建立互补式区际关系。目前，在全球区域层次上，扼制发达国家对资源的过多占有和消除贫困成为可持续发展长期的战略任务。

3.1.2.8　调控手段不同

保证发展观目标的实施与实现要有一定的调控手段。传统发展观的调控手段主要是依靠市场经济手段。实践证明，传统发展模式的调控手段不能解决"市场外部不经济性"的问题，如资源浪费、环境污染、生态破坏、贫富分化、资源价值等。可持续发展观的实施与推进，单靠市场的作用是不行的，需要充分发挥以政策引导为主的政府宏观调控作用。政府应该完善和强化环境经济手段，要将可持续发展原则纳入经济、社会与生态环境的立法中，以经济手段解决环境成本外部性的内部化问题，建立配套的资源核算体系和环境补偿制度；不断完善可持续发展指标体系和可持续发展综合评估制度。由此可见，可持续发展观对政府的决策水平和管理能力提出了更高的要求，一个高职能的、具有现代创新意识的政府将是推进可持续发展的重要保证。

3.1.3　可持续发展理论的研究进展

对于可持续发展，各研究领域之间存在着概念理解之间的差异。因此，研究者从自然的属性、社会的属性、经济的属性和科技的属性几方面对可持续的概念和内涵进行了拓展。

3.1.3.1　侧重自然属性的可持续发展理论研究

研究者以生态平衡、自然保护、资源环境的永续利用等作为研究的基本内容，以"环境保护与经济发展之间取得合理的平衡"作为可持续发展的重要指标和基本手段。可持续的概念起源于生态学，即所谓"生态持续性"。它主要指自然资源及其开发利用程度间的平衡。国际自然保护同盟1991年对可持续的定义是"可持续的使用，是指在其可再生能力（速度）的范围内使用一种有机生态系统或其他可再生资源"。同年，国际生态学联合会和国际生物科学联合会进一步探讨了可持续发展的自然属性。他们将可持续发展定义为"保护和加强环境系统的生产更新能力"，即可持续发展是不超越环境系统再生能力的发展。此外，从自然属性方面定义的另一种代表是从生物圈概念出发，即认为可持续发展是寻求一种最佳的生态系统以支持生态的完整性和人类愿望的实现，使人类的生存环境得以持续。

3.1.3.2 侧重社会属性的可持续发展理论研究

研究者以社会发展、社会分配、利益均衡等作为基本内容；以"经济效益与社会公正取得合理的平衡"作为可持续发展的重要指标和基本手段。1991 年，由世界自然保护同盟、联合国环境规划署和世界野生生物基金会共同发表了《保护地球——可持续生存战略》，其中提出的可持续发展定义是："在生存不超出维持生态系统涵容能力的情况下，提高人类的生活质量"，并进而提出了可持续生存的 9 条基本原则。这 9 条基本原则既强调了人类的生产方式与生活方式要与地球承载能力保持平衡，保护地球的生命力和生物多样性，又提出了可持续发展的价值观和 130 个行动方案。报告还着重论述了可持续发展的最终目标是人类社会的进步，即改善人类生活质量，创造美好的生活环境。报告认为，各国可以根据自己的国情制定各自的发展目标。但是真正的发展必须是包括提高人类健康水平，改善人类生活质量，合理开发、利用自然资源在内的发展，必须创造一个保障人们平等、自由、人权的发展环境。

3.1.3.3 侧重经济属性的可持续发展理论研究

研究者以区域开发、生产力布局、经济结构优化、实物供需平衡等作为基本内容，将"科技进步贡献率抵消或克服投资的边际效益递减率"作为衡量可持续发展的重要指标和基本手段展开研究。从经济学研究角度出发，学者对可持续发展进行了定义，其核心是把可持续发展看成是经济发展。当然，这里的经济发展已不是传统意义上的以牺牲资源和环境为代价的经济发展，而是不降低环境质量和不破坏世界自然资源基础的经济发展。在《经济、自然资源：不足和发展》中，作者巴比尔把可持续发展定义为："在保护自然资源的质量和其所提供服务的前提下，使经济发展的净利益增加到最大限度"。普朗克和哈克在 1992 年为可持续发展所作的定义是："为全世界而不是少数人的特权所提供公平机会的经济增长，不进一步消耗自然资源的绝对量和涵容能力。"英国经济学家皮斯和沃富德在 1993 年合著的《世界末日》一书中，提出了以经济学语言表达的可持续发展定义："当发展能够保证当代人的福利增加时，也不应使后代人的福利减少"。而经济学家科斯坦萨等人则认为，可持续发展是能够无限期地持续下去——而不会降低包括各种"自然资本"存量（量和质）在内的整个资本存量消费数量的发展。他们还进一步定义："可持续发展是动态的人类经济系统与更为动态的但在正常条件下变动却很缓慢的生态系统之间的一种关系。这种关系意味着，人类的生存能够无限地持续，人类个体能够处于全盛状态，人类文化能够发展，但这种关系也意味着人类活动的影响保持在某些限度之内，以免破坏生态学上的生存支持系统的多样性、复杂性和基本功能。"

3.1.3.4 侧重科技属性的可持续发展理论研究

研究者主要是从技术选择的角度扩展了可持续发展的定义,他们认为:"可持续发展就是转向更清洁、更有效的技术,尽可能接近'零排放'或'密闭式'的工艺方法,尽可能减少能源和其他自然资源的消耗。"同时,亦有研究者提出"可持续发展就是建立极少产生废料和污染物的工艺或技术系统"。他们主张发达国家与发展中国家之间进行技术合作,缩短技术差距,提高发展中国家的经济生产能力。

3.1.4 可持续发展战略的基本思想

可持续发展是一个涉及经济、社会、文化技术及自然环境的综合概念。它是一种立足于环境和自然资源角度提出的关于人类长期发展的战略和模式。可持续发展意味着国家内和国际间的公平,意味着要有一种支援性的国际经济环境,从而导致各国,特别是发展中国家的持续经济增长与发展。可持续发展表明在发展计划和政策中纳入对环境的关注与考虑,而不代表在援助或发展资助方面的一种新形式的附件条件,其基本原则可概括为系统协调性原则、可持续性原则、公平性原则和合作性原则。

3.1.4.1 系统协调性原则

一方面,要把人口、科学技术、经济、社会、资源与环境等要素视为一个统一的系统整体;另一方面,要把全球范围内的地区间、国家间视为相互依存、不可分割的系统整体。强调解决人与自然界的关系乃是一个涉及各种因素的系统工程,必须按照系统科学的原理,处理好各种矛盾,协调好各种关系,使"人-自然"系统健康有序发展。

3.1.4.2 可持续性原则

人类所追求的人口、经济、社会发展必须限定在自然和生态系统可以支持的范围之内,发展不能靠耗尽资源和牺牲环境为代价,不应危害支持地球生命长期存在的生态系统。当这一系统受到某种干扰时,它能够加以恢复并保持原有的生命力和出产能力,能够承载其各个环节、各个层次的物质要素,不断地存在并演化下去。可持续发展追求的是人类社会世世代代延续不绝的发展,它不仅要实现当代人自身的发展,而且也要实现未来世代人的发展。

3.1.4.3　公平性原则

在可持续发展理论中，公平性是指每个人，不论其国别和种族，也不论其世代，都应享有平等的发展权利，都应享受平等的发展利益。要把消除贫困作为可持续发展过程的重要问题优先加以考虑解决，要给世世代代以公平的发展权。

3.1.4.4　合作性原则

解决全球性问题需要全球性合作，我们现在有了地球村的概念，在小小的地球上，所有的人都应当为实现可持续发展而负责，不同国家要加强合作，国际上的环境与发展、人口与发展等组织要制定统一的目标、共同的准则。只有在共同目标和共同行动的基础上，全球共有的资源才能得到很好的管理，各国才能在全球性的可持续发展中受益。

可持续发展的基本思想可以总结为以下几点：

（1）不否定经济增长，尤其是穷国的经济增长，但需要重新审视如何推动和实现经济增长。

（2）可持续发展的标志是资源的永续利用和良好的生态环境。

（3）可持续发展的目标是谋求社会的全面进步。

（4）承认并要求在产品和服务的价格中体现出自然资源的价值。

（5）以适宜的政策和法律体系为条件，强调"综合决策"和"公众参与"。

总之，可以认为可持续发展是一种新的发展思想和战略，目标是保证社会具有长期的持续性发展能力，确保环境、生态安全和稳定的资源基础，避免社会、经济大起大落的波动。

3.2　绿色基本理论

3.2.1　绿色理论的起源

绿色，象征着希望，蕴蓄着未来。日益严重的人口、资源、环境压力，已经成为影响中国经济社会又好又快发展的主要障碍。

绿色发展理念和理论来源于三方面：一是中国古代"天人合一"的智慧，成为现代的天人合一观，即源于自然，顺其自然，益于自然，反哺自然，人类与自然共生、共处、共存、共荣，呵护人类共有的绿色家园；二是马克思主义自然辩证法，成为现代的唯物辩证法；三是可持续发展，成为现代工业文明的发展观。三者交融，三者贯通，最终集古代、现代的人类智慧之大成，融东西方文明精华于一炉，形成绿色哲学观、自然观、历史观和发展观。绿色发展观的本质就是科学发展观，充分体现了"坚持以人为本，树立全面、协调、可持续的发展观，促进经济社会和人的全面发展"。

可持续发展是1987年世界环境与发展委员会提出的发展战略。可持续发展是指既能满足当代人的需要，又不对后代人满足其需要的能力构成危害的发展。形象地讲，可持续发展是"不断子孙路"的发展，当代人的发展不要给后代人留下后遗症或不良生态资产。它还没有体现"前人种树，后人乘凉"，给后人留下更多的生态资产这种理念。

全面综合发展是1998年世界银行提出的发展思路。全面综合发展是指发展意味着整个社会的变革，是促进各种传统关系、传统思维方式、传统生产方式朝着更加"现代"的方向转变的变革过程。21世纪的发展任务就是促进社会转型，促进人类发展，不仅提高人均GDP，而且还将提高以健康、教育、文化水准为标志的人的生活质量，消除绝对贫困，改善生态环境，促进人类可持续发展。

绿色发展是2002年联合国开发计划署在《2002年中国人类发展报告：让绿色发展成为一种选择》中首先提出来的。这一报告阐述了中国在走向可持续发展的十字路口上所面临的挑战。中国的发展对于世界的稳定具有举足轻重的作用。中国目前城市现代化发展的速度之快，在人类历史上前所未有。中国实现绿色发展的目标将会遇到极大的挑战，需要一整套政策和实践相配合，其规模之宏大、程度之复杂在人类历史上前所未有，虽然有了明确的承诺和清醒的意识，但在实现绿色发展的道路上，还需要做出正确的选择。

人们一般从自然生态方面理解"绿色"，即以泛指保护地球生态环境的活动、行为、思想和观念等。具体地讲，绿色的含义包括两个方面：一是保护和创造和谐的生态环境以维护人类社会的持续发展；二是依据"红色"禁止、"黄色"示警、"绿色"通行的惯例，以"绿色"表示合乎科学性、规范性，以绿色表示保护人类通行无阻的可持续发展行为。在科学技术方面，近年提出了"绿色技术"，绿色技术的产生与全面发展，则是人类由工业文明走向生态文明的标志。一般而言，绿色技术就是保护环境，维持生态平衡，节约能源、资源，促进人类与自然和谐发展的思想、行为、技艺、方法的总称。

传统经济发展方式导致经济发展与人口、资源、环境之间的矛盾愈发尖锐，发展绿色经济成为实现可持续发展的必然选择。

绿色理论是对绿色文明和文化的研究和总结，它以可持续发展为研究基础。如前所述，可持续发展观自1980年被联合国使用后，得到了各国政府、学者与公众的普遍认可，并从各自的角度、领域对其概念、意义与应用进行了大量论证和研究。目前的研究认为，可持续理论从发展的历程看，有一维、二维、三维发展观。三维发展观主张建立经济-社会-自然三维结构复合系统，使其走向可持续发展。

与之对应，绿色理论的发展经历了一个由浅入深的过程。最早的绿色理论从科技的角度认识可持续，认为可持续发展应是废物排放量的减少或不排放，绿色意味着环境的净化。随着研究的深入，人们开始考虑生态与经济的协调关系，并以此建立新的理论。伴随着科技的发展以及研究的拓展，形成了现在的绿色理论，该理论关注的是社会、经济与环境三者的协调发展，谋求在经济发展、环境保护和社会祥和之间实现一种有机平衡。

3.2.2 绿色理论的内涵

自然科学中所讲的绿色，是人们用视觉可辨的，与红、黑、黄等并列的色彩；社会学意义上的"绿色"，其含义要复杂得多，简单地说，它是生机蓬勃的象征。这一取义，最初还是源于自然界鲜活的植物的色彩；然后是包括一切生物在内的大自然生机盎然的景象；然后是包括与这种景象相适应的人类的行为方式、价值取向；然后再由此延伸到人类自身，即由人与自然的和谐延伸到人类社会自身的和谐。这样，"绿色"就从表象走向了内在，从自然生态拓展到了社会生态。

从国内外人们对"绿色"的使用情况看，它已被用于了经济、文化、政治等人类生活的各个领域、各个层面。首先是"绿色环境"。人类原本是诞生于生机蓬勃的大自然之中的，而且是个年轻的物种，人类要想永葆生机，就得永葆自然的生机，就得永葆自己赖以生存的环境生机。因此，按照自然规律清除污染，绿化环境，保护和修复生态系统，珍爱自然界的各类生命并与之和谐相处，就是珍爱和维护人类自身的生存权。从这个意义上讲，绿色意识就是环境意识、生态意识、生命意识；绿色环境就是充满生命活力的环境。植树造林，栽花种草，保护湿地、水资源和野生动物等的非经济非政治行为，都是人类为使自己回到绿色环境所采取的积极行动。

第二是"绿色经济"。随着科学技术的发展，人类的生存方式、生活方式发生了前所未有的变化，但同时也带来了许多意想不到的危害甚至灾难。比如，残留着农药化肥的粮食、含有致癌或有毒物质的食品，就严重损害了人类的健康；工业和农业造成河流的污染、植被的破坏，致使一些鲜活的生命转瞬即逝，这些消逝的生命虽然不一定是人类本身，但它往往带来人类自身的危机。历经许多沉痛的教训之后，人们渐渐清醒：发展经济绝不能以糟蹋生态、牺牲环境、

浪费资源为代价，否则，经济发展越快，对人类的危害就越大；发展经济必须
与保护生态和环境相统一。这种"相统一"的经济就是"绿色经济"，或叫"循
环经济"。在绿色经济的理念引导下，人们的生产生活方式与以往比较发生了变
化：清洁生产、节能型生产以及健康消费（或叫"绿色消费"）、无公害消费成
为追求的目标。于是出现了"绿色农业""生态工业""绿色食品""绿色营销"
等可持续发展的产业、产品和经营方式。

　　第三是"绿色政治"。从"绿色"理念出发，人类必须与自然和谐相处；但
是，人类毕竟不同于一般的生命。千百年的经验证明，人类自身的矛盾和冲突，
同样会招致自身生命的危机。人类除了保护自己赖以生存的大自然、追求人与
自然和谐外，还要不断优化人类赖以生存的社会环境，追求人类自身的和谐。
因此，人权、基层民主问题，妇女问题，贫困问题，和平问题，反恐问题等成
为人们普遍关心的问题，并由此构成了"绿色政治"的基本课题。中共"十六
大"提出"科学发展观""构建和谐社会"，其实质就是实施"绿色政治"，就是
营造一种良好的政治生态。它不仅在为全体人民创造一种良好的生存环境，而
且当它与时俱进率领人民为此奋斗时，其自身必然焕发生机与活力。

　　第四是"绿色文化"。这是包藏在人们的绿色行为方式之中的。人们在经济、
政治和日常生活中逐渐形成了绿色价值观；而因为有了绿色价值取向，才有自
觉的绿色行为。在这里，源于实践中的人们的绿色价值观，正是绿色文化的内
核。具有这种内核的绿色文化，有的直接依附于经济活动，如"绿色设计""绿
色标志""绿色旅游"；有的与政治活动密不可分，如西方绿色组织开展的以环境
保护、扩大民主、维护人类和平、反对人口和经济过度增长、反对政治官僚化为
内容的宣传文化活动，不仅它本身具有政治的内涵，而且还常常与议会的选举联
系在一起；有的则是以一种非经济非政治形式出现的，如"绿色行动""绿色教
育""绿色传播""绿色文学""绿色雕塑"等。开展绿色文化活动，对于增强人
们的绿色意识起着重要的作用。比如，我国各地开展的绿色生活行动，就强调
从我做起，带动家庭，推动社会，改变以往不恰当的生活方式和消费模式，重新
创造一种有利于保护环境、节约资源、保护生态平衡的生活方式和行动，产生
了广泛的社会影响。此外，总结人类绿色实践所形成的生态哲学、绿色政治学、
生态工程学、生态艺术、环境伦理学等理论成果，当然都属绿色文化的范畴。

3.3 绿色铁路基本理论

　　当今时代，作为资源节约型和环境友好型运输方式，铁路越来越注重加强

生态环境保护，尽最大努力减少环境污染，尽最大努力促进节约集约用地。高速铁路在能源消耗、环境保护方面优势突出。进入21世纪，中国国内开始大规模建设高速铁路，许多地区已率先享受到高速铁路带来的"绿色"风潮。研究表明，假设每人公里污染治理费用高速铁路为1，则高速公路为3.76，飞机为5.21。结合绿色理论的概念和内涵，针对铁路项目的特点，为实现资源的有效利用和环境的友好性，绿色铁路的概念得以提出。

绿色铁路的新意是"绿色"，能使铁路占地少、能耗低、污染小、成本低、运量大、全天候运行的比较优势得到充分发挥，在发展运输生产力的同时，能够有效降低单位运量对土地、能源等资源的占用或消耗，减少对环境造成的污染，降低全社会的运输成本，促进经济发展与人口、资源、环境相协调。

交通运输是人类赖以生存和发展的特殊物质生产部门。经济发展、社会需求和科技进步等推动了交通运输的发展，而交通运输对改善经济空间布局、拉动地区经济开发、促进区域经济协调发展、加快构建和谐社会等方面同样具有重要作用。铁路作为国民经济的一个重要部分，作为国民经济的"大动脉"，在综合交通运输体系中处于骨干地位。1825年世界第一条铁路在英国诞生，开创了近代运输事业的新纪元。在之后的时间里，铁路运输发展迅速，对经济发展和社会进步起到了重要的推动作用。铁路运输全天候、能力大、运输成本低、通用性好，承担了我国中长途的主要客货运输。铁路的运量大、占地少、能耗少、安全性能高、全天候运行和轻污染的优势有利于促进经济社会又好又快发展。加快发展铁路运输，符合我国人口众多、人均可耕地少、能源资源相对不足等国情实际，符合科学发展观的要求。正如前面所述，铁路在给人类社会生活带来极大便利的同时，不可避免地会对环境产生污染，在要求可持续发展的今天，处理好铁路建设、运输与环境之间的关系，使两者协调发展，是我们急需解决的重要问题。

随着可持续发展战略的提出，要求国家在经济发展的同时，保护资源和保护生态环境协调一致，让子孙后代能够享受充分的资源和良好的资源环境。铁路作为国家重要基础设施和大众化交通工具，在我国经济社会发展中具有重要作用。因此，实现铁路的可持续发展，提出"绿色铁路"的概念在全面建设资源节约型和环境友好型社会的今天具有重大意义。

3.3.1 绿色铁路的涵义

绿色铁路是一个全新的理念，它的研究内容和研究方法都有别于传统的铁路：主要研究内容包括绿色铁路基本理论的研究、绿色铁路评价的指标体系和方法体系的研究、绿色铁路工程化关键技术的研究等，通过对理论体系和评价体系进行系统分析研究，建立绿色铁路的基础理论体系、指标体系和评价体系，并结合数学理论对我国铁路线路的绿色程度作出评价，力求探索绿色铁路系统内部各个子系统的相互作用关系、发展的规律性和协调性，寻求解决铁路运输可持续发展理论与实践的途径，最终为新型的可持续发展的交通运输理念——"绿色铁路"理论与实践做出一点有益的探索与贡献。绿色铁路基础理论与评价研究必须以科学发展观为指导，遵循可持续发展的基本原理，运用现代系统学、评价学、统计学、管理学、经济学等理论，结合模糊数学技术、巨系统协调理论技术、多目标决策技术和计算机信息技术，对绿色铁路的理论、指标体系和评价体系进行系统的研究。

绿色铁路的概念应理解为：以环境价值为尺度，运用各种绿色技术，在确保铁路运输安全、快捷、高效的条件下，不断减小铁路及配套设施对生态环境的负面影响，使铁路成为具有良好经济效果和可持续发展能力的运输工具。绿色铁路，即在规划、设计、施工、运营中，运用各种绿色技术，使环境保护、节能降耗、生态平衡、人文景观、安全舒适等方面达到了人与自然的和谐、人与社会的和谐，具有良好经济效益和可持续发展能力的铁路。它不仅包括了传统铁路环境保护中的研究内容，还包括和强调了铁路建设中的国土资源利用、地质灾害防治、人文景观治理、文物古迹维护等内涵，以及铁路运营和维护中的环境性、安全性、舒适性、清洁性、美观性甚至经济学等诸多方面的研究内容。从绿色铁路的定义可知，它包括了铁路及配套设施如车辆、站场等从踏勘选线—施工建设—运营维护—报废回收的所有环节。因此，绿色铁路的内涵应包括以下几个方面：

3.3.1.1 社会、经济的可持续发展

经济的可持续发展是构建和谐社会的原始动力，也是实现共同富裕伟大目标最根本的保障。构建和谐社会是一个系统工程，人类在推动社会发展的过程中应同时尊重自然发展和社会发展的客观规律。这样，才能保持人与自然的和谐发展，推动人类社会的可持续发展。绿色铁路建设既可以促进区域经济增长、改善区域生态环境、提高人民的精神生活，又可以为社会、经济的可持续发展构建良好的区域环境。

3.3.1.2 自然资源的可持续利用

绿色铁路建设以节约自然资源、控制污染源头、维护区域生态环境、协调

区域景观等为理念，在实践中就要求实现经济发展与自然资源的承载力相协调，保持资源的可持续利用。在铁路发展中重视自然资源，倡导清洁生产及循环经济理念，从而实现资源的可持续利用。

3.3.1.3 铁路的可持续发展

我国"十一五"规划纲要明确："经济的发展、社会的进步、资源利用以及环境保护，它们之间必须是相互协调、辩证统一的，将它们作为一个系统，综合考虑其协调的发展以实现资源节约型、环境友好型'绿色铁路'的建设，以利于铁路运输可持续发展。"

3.3.2 绿色铁路的研究内容

绿色铁路建设的目的是维护社会持续稳定，推动经济持续发展，促进自然资源持续利用，保护生态环境免受破坏，实现整个绿色铁路系统的可持续发展。通过对绿色铁路研究内容的归类和整理，对绿色铁路进行全面的系统分析，得出绿色铁路的研究内容主要包括绿色铁路指标体系分析、绿色铁路系统的评价体系分析、绿色铁路系统的持续性发展模式及实现途径探讨、绿色铁路系统的协调性问题研究等。

绿色铁路的研究主要在于两个方面：绿色铁路的指标体系研究；绿色铁路的评价体系研究。对绿色铁路进行评价，首先需要构建绿色铁路指标体系，然后选择合适的评价方法进行评价。指标体系的构建是评价的一个重要部分，相应地绿色铁路指标体系的构建则是绿色铁路系统评价的一个重要内容。绿色铁路指标体系构建方法、建立的原则和依据是相互联系的。其中建立的原则需要构建方法来保证，依据需要方法来实现。有效地选择正确的构建方法，将增强指标体系建立的科学性。

3.3.2.1 绿色铁路评价指标体系

"绿色铁路"评价指标体系评价是通过一些归类的指标按照一定的规则与方法，对评判对象的某一方面或综合状况做出优劣的评定。为了使评价结果尽可能地客观、全面、科学，绿色铁路评价应把社会、经济、生态、资源等作为统一的范畴，从人类社会经济活动同环境相互作用的角度出发研究问题。建立评价指标体系是进行预测或评价研究的前提和基础，建立绿色铁路评价指标体系的最终目的是让决策者及时掌握铁路建设和发展的态势。因此，绿色指标的选择应从项目前期、设计、施工和运营等阶段综合考虑。

　　绿色铁路指标体系的研究主要包括绿色铁路各项指标的具体量化和指标体系的建立。指标体系（Indicator System）的建立是进行预测或评价研究的前提和基础，它是将抽象的研究对象按照其本质属性和特征的某一方面的标识分解成为具有行为化、可操作化的结构，并对指标体系中每一构成元素（即指标）赋予相应权重的过程。

　　建立绿色铁路指标体系，一方面需要以现有的各项统计制度和数据为基础，另一方面绿色铁路指标并不是原有传统的经济、环境和社会等领域统计指标的简单照搬、相加和堆积，而是原有指标的有机综合、提炼、升华和一定程度上的创新。因此，绿色铁路评价首要的任务是如何充分利用现有统计资料，并使各项统计指标构成一个有序而严谨的体系。绿色铁路指标体系在综合已有框架模式的基础上，主要进行框架搭建、因子筛选、权重确定、无量纲化等方面的深入研究。绿色铁路指标体系研究路线如图 3.1 所示。

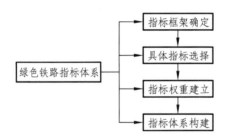

图 3.1　绿色铁路指标体系研究路线

3.3.2.2　绿色铁路指标体系的分类

　　传统铁路在设计、施工和运营过程中会产生较多的环境保护、地质灾害和安全等方面的不利影响，如何解决它们是绿色铁路不可回避的关键问题。如何从铁路工程实际中去粗存精，将铁路的"绿色度"用具体指标进行量化是绿色铁路指标体系研究的主要内容，包括：

　　（1）绿色铁路设计阶段的生态环境保护。

　　① 对通过不利生态环境及工程地质条件的线路合理选择；② 对沿线自然保护区的避让和减少扰动（图 3.2、图 3.3）；③ 对沿线生态脆弱地区水土保持方案设计；④ 对桥梁、隧道和站场的生态景观设计等（图 3.4、图 3.5）。

图 3.2　沿线水土保持方案设计

图 3.3　动物通道设计

图 3.4　桥梁景观设计

图 3.5　车站景观设计

（2）绿色铁路施工阶段的生态环境保护。

①线路施工的生态恢复（图 3.6）；②桥梁施工对河道的影响控制（图 3.7）；③长大隧道施工的环境效应控制；④施工阶段产生"三废"的有效控制，如隧道弃渣的妥善处理，施工废水的处理和合理排放等（图 3.8～图 3.11）；⑤施工阶段产生的噪声、振动和扬尘控制，如降低施工噪声对附近居民的干扰，通过合理措施减少施工扬尘等；⑥通过生物修复控制沿线水土流失等。

图 3.6　施工的同时进行草皮移植

图 3.7　桥梁施工减少对河道及河流水质的影响

图 3.8　隧道弃渣处理，下设拦渣坝

图 3.9　危岩锚杆防护处理

图 3.10　隧道弃渣防护

图 3.11　施工便道荒漠化

（3）绿色铁路运营阶段的生态环境保护。

①运营阶段三废的有效控制，如列车运营产生垃圾（图 3.12）的回收和集中处置、沿线站场生活废水的生化处理、边坡绿化（图 3.13）等；②运营阶段噪声、振动和电磁控制，如在环境敏感点沿线设置吸声式声屏障（图 3.14）、城镇周边铁路建设噪声控制、采用无缝钢轨等；③机车车辆控制，如采用密闭式车辆卫生间（图 3.15）减少排泄物的沿线排放、推广电气化高速列车节约能源减少有害物质排放、使用馈电弓与绝缘器减少电磁辐射等。

图 3.12　沿线垃圾随意丢弃

图 3.13　边坡绿化网格防护

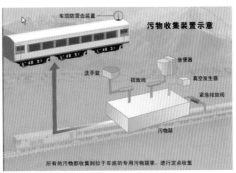

| 图 3.14 吸声式声屏障 | 图 3.15 全封闭式车体 |

3.3.2.3 绿色铁路指标体系的构建

运用系统方法对绿色铁路指标体系框架进行搭建，明确绿色铁路指标体系包括铁路子系统、社会子系统、经济子系统、资源子系统和环境子系统共 5 个子系统；运用频度分析法、Delphi 法等对铁路勘探、施工、运营各项内容的评价因子进行分析、识别和筛选，得出影响绿色铁路评价结果的主要影响因子，建立相应的绿色铁路指标体系作为绿色评价的基础。主要包括：

（1）绿色铁路指标体系的框架构建方法、指标选定原则和筛选方法研究。构建方法包括调查研究法、目标分解法和多元统计法的比较和研究；选定原则包括系统性原则、相关性原则、可操作性原则、科学性原则和动态性与稳定性相结合原则；筛选方法包括理论分析法、频度统计法、主成分分析法、专家咨询法等比较和研究。

（2）绿色铁路递阶结构指标体系的建立和分类说明。通过框架搭建、指标筛选和系统综合最终实现绿色铁路递阶结构指标体系的建立，对各项指标的含义和选取原因做出详细论述，并对评价指标属性值的定量化和半定量化问题进行了研究，同时对评价指标权重的确定和方法进行了探讨。

3.3.3 绿色铁路评价体系研究

绿色铁路的评价方法很多，常用的评价方法主要包括：综合指数法、模糊数学评判法、加权灰色关联度法、人工神经网络法、3S 信息系统、专家评判方法、数值仿真模拟法等。绿色铁路评价体系就是在建立绿色铁路递阶结构指标体系后，再采用模糊数学技术、多目标决策技术及计算机信息技术等建立绿色铁路各级评价子系统，分别对各个子系统做出绿色铁路的综合评判。同时，利用多种方法对评价体系的评价结果进行校核，提高评价体系的可靠性和实用性。

　　常用的绿色铁路评价方法包括：综合指数法、模糊数学评判法、加权灰色关联度法、人工神经网络法、专家评判方法等。

　　（1）综合指数法是指在确定一套合理的事物评价指标体系的基础上，对各项指标个体指数加权平均，计算出事物评价综合值，用以综合评价事物的一种方法。即将一组相同或不同指数值通过统计学处理，使不同计量单位、性质的指标值标准化，最后转化成一个综合指数，以准确地评价事物的综合水平。综合指数值越大，工作质量越好，指标多少不限。各项指标的权数是根据其重要程度决定的，体现了各项指标在综合值中作用的大小。综合指数法的基本思路是利用层次分析法计算的权重和模糊评判法取得的数值进行累乘，然后相加，最后计算出事物的综合评价指数。

　　（2）模糊数学评判法是一种基于模糊数学的综合评价方法。该方法根据模糊数学的隶属度理论把定性评价转化为定量评价，即用模糊数学对受到多种因素制约的事物或对象做出一个总体的评价。它的特点是结果清晰、系统性强，能较好地解决模糊的、难以量化的问题，适合各种非确定性问题的解决。

　　（3）灰色关联分析是一种多因素统计分析方法。它是以各因素的样本数据为依据，用灰色关联度来描述因素间关系的强弱、大小和次序的。如果样本数据列反映出两因素变化的态势基本一致，则它们之间的关联度较大；反之关联度小。与传统的多因素分析方法相比，灰色关联分析对数据要求较低且计算量小，便于广泛应用。加权灰色关联度法是根据各因素的重要性不同，考虑其权重差异的灰色关联分析法。

　　（4）人工神经网络是一种应用类似于大脑神经突触连接的结构进行信息处理的数学模型，也常直接简称为神经网络或类神经网络。人工神经网络是由大量神经元相互连接构成的网络结构。每个神经元代表一种特定的输出函数，称为激励函数。每两个神经元间的连接代表一个对于通过该连接信号的加权值，称之为权重，相当于人工神经网络的记忆。网络的输出则根据网络的连接方式、权重值和激励函数的不同而不同。

　　（5）专家评价法是出现较早且应用较广的一种评价方法。它是在定量和定性分析的基础上，以打分等方式做出定量评价，其结果具有数理统计特性。最大的优点在于，能够在缺乏足够统计数据和原始资料的情况下，可以做出定量估计。专家评价法的主要步骤是：首先根据评价对象的具体情况选定评价指标，对每个指标均定出评价等级，每个等级的标准用分值表示；然后以此为基准，由专家对评价对象进行分析和评价，确定各个指标的分值，采用加法评分法、乘法评分法或加乘评分法求出各评价对象的总分值，从而得到评价结果。

专家评价的准确程度，主要取决于专家的阅历经验以及知识丰富的广度和深度。要求参加评价的专家在评价系统方面具有较高的学术水平和丰富的实践经验。总的来说，专家评分法具有使用简单、直观性强的特点，但其理论性和系统性尚有欠缺，有时难以保证评价结果的客观性和准确性。

3.3.3.1 绿色铁路评价的一般步骤

（1）采用模糊数学技术、多目标决策技术及计算机信息技术等对绿色铁路评价系统进行研究，建立科学合理的各级评价体系，选取适用又相对简易可行的方法对铁路的绿色程度进行评判，并利用巨系统协调理论对绿色铁路子系统的协调度评价方法进行论述。

（2）应用模糊识别原理，结合改进层次分析法（AHP），根据建立的绿色铁路递阶结构指标体系，分级别对各个子系统做出是否满足绿色铁路标准的综合评判，提出改进措施，力求做到对区域铁路的建设具备指导作用。

（3）运用巨系统协调理论，对铁路的各个子系统的协调发展程度做出评价并计算协调度的具体分值，分析协调发展程度的原因，并提出对策。

（4）利用模糊神经网络评判对评价结果进行核算。

3.3.3.2 绿色铁路的协调度研究

协调，即协同、调节。协同是指系统间和构成要素在系统演化过程中彼此和谐的一致性，调节是指对系统施加的调节控制活动。协调即要使系统在演化中，系统间和构成要素达到彼此和谐一致。绿色铁路评价系统协调发展指其各子系统以及组成要素之间相互配合、相互协作、相互依存、相互调整，使系统呈现出动态协调的结构、状态和变化过程。绿色铁路系统不仅要求铁路、社会、经济、能源和环境 5 个子系统内部的协调发展，而且 5 个子系统之间要综合协调。通过子系统间的综合协调，使系统达到一种整体和综合发展的组合，呈现出铁路迅达通畅、社会结构合理、经济稳定发展、能源高效利用和环境状况良好的稳定状态。

3.4 绿色铁路的研究意义

3.4.1 绿色铁路研究的理论意义

绿色铁路是一个新的研究领域，它是一种新型的可持续发展的运输理念，是研究铁路如何与社会、经济、资源和环境协调发展，并利用自身优势，减少或不产生对生态环境的负效应，以实现我国铁路设计、建设、运营和管理的可持续发展，是构建社会主义和谐社会和建设资源节约型、环境友好型社会的必然选择。

3.4.1.1　绿色铁路研究是可持续发展理论研究的重要部分

20 世纪中叶，西方发达国家发生了震惊世界的 8 大公害事件，引起了公害发生国公民的强烈不满，也受到其他国家的普遍关注。人类面临着资源、环境、能源和粮食的危机，世界范围内广泛出现环境恶化问题。美国海洋生物学家莱切尔·卡逊（Rachel Carson）于 1962 年撰写了《寂静的春天》一书，使人类开始认识到环境污染造成的危害是长期的、严重的。1968 年 4 月，意大利人奥莱里欧·佩发依博士邀请了来自 10 个国家的科学家、教育家、经济学家约 30 人，在罗马成立了以可持续发展为思想基础的组织，发表了轰动世界的第一份研究报告《增长的极限》，针对长期流行于西方的高增长理论进行了深刻反思，富有挑战性地提出了"增长的极限"问题。1972 年 6 月 5 日，联合国在瑞典斯德哥尔摩召开了有 114 个国家参加的"人类环境会议"，决定每年 6 月 5 日为世界环境日。会议通过了《人类环境会议宣言》。斯德哥尔摩会议是可持续发展时代的起点。1987 年，以挪威前首相布伦特兰（Brutland）夫人为主席的世界环境与发展委员会（WCED）公布了著名的《我们的共同未来》（Our Common Future）研究报告后，提出了一个广为国际社会普遍接受的可持续发展的定义：既满足当代人的需求，又不对后代人满足其自身需求的能力构成危害的发展。1992 年 6 月在巴西里约热内卢召开的联合国环境与发展会议（UNCED），通过了贯穿有可持续发展思想的三个重要文件，即《里约宣言》《21 世纪议程》和《森林问题原则声明》，并进行了两个国际公约——《气候变化框架公约》和《生物多样化公约》的开放签字。

综上所述，可持续发展模式同传统发展模式的根本区别在于：可持续发展的模式不是简单的开发自然资源以满足当代人类发展的需要，而是在开发资源的同时保持自然资源的潜在能力，以满足未来人类发展的需要；可持续发展的模式不是只顾发展不顾环境，而是尽力使发展与环境协调，防止、减少并治理人类活动对环境的破坏，使维持生命所必需的自然生态系统处于良好的状态。

可持续发展是 21 世纪发达国家和发展中国家正确协调人口、资源、环境、技术与经济间相互关系的共同发展战略，是人类求得生存与发展的唯一途径。交通运输是国民经济和社会活动的重要组成部分，它在促进国民经济快速发展和人民生活水平提高等方面起着积极作用，同时交通运输给资源、环境带来了很大的压力，对社会经济的可持续发展产生了极大的副作用。可持续发展理论运用到交通运输行业，就派生出了可持续交通运输的理论。

20 世纪 80 至 90 年代，美国莱斯特·R.布朗先生在《建设一个持续发展的社会》一书中，专门讨论了"可持续发展的交通运输系统"。1993 年，由约翰·怀特莱格（John Whiteegg）著的《可持续未来的运输：欧洲实例》以及由戴维·班尼斯特（David Banister）和肯尼施·伯顿（Kenneth Button）编辑的《运输、环境和可持续发展》，研究了美国和西欧等交通发达国家当前存在的运输对环境的影响、环境的价值问题以及对交通政策的建议等几个方面。1996 年，世界银行在《可持续运输：政策变革的关键》一书中指出了可持续运输的概念，并阐述了它的 3 方面基本内容：经济与财务可持续性；环境与生态可持续性；社会可持续性。1997 年，世界银行专家格雷·哈（Gray Hag）在《面向可持续的运输规划：英国和荷兰的比较》一书中，将可持续发展的基本概念运用于运输规划和政策的制定中，使运输系统在经济上和环境上都具有效率和效益。国际经济合作组织（DECD）也对可持续交通运输界定了 4 项内容：以安全、经济实用和被社会接受的方式向人、地点、货物提供交通和服务；制订工人的卫生和环境质量目标；避免超过生态系统完整性的临界负荷和水准；不加剧气候变化和平流层臭氧耗竭等全球性消极现象。

我国可持续交通运输研究较晚。20 世纪 90 年代以来，我国交通部、铁道部曾分别委托相应研究部门，多次组织对我国可持续交通运输问题进行专项研究，取得了一定的科学成果。《中国 21 世纪议程》白皮书中提出："走可持续发展之路，是中国在未来和下一世纪的自身需要和必然选择"，"中国是发展中国家，可持续发展的前提是发展，必须毫不动摇地把发展国民经济放在第一位"，同时要"保护自然资源和改善生态环境，以便实现国家的长期、稳定发展"，"实现经济增长方式从粗放型向集约型的转变"。在经济发展过程中，我国资源的供需矛盾日益突显，交通运输对我国资源和环境影响非常巨大，为适应社会经济可持续发展的需要，交通运输必须采取可持续发展战略，在交通领域强调可持续发展，这对我国国民经济的健康发展起着至关重要的作用。土地和石油资源的短缺对我国交通运输体系的约束几乎是刚性的，基本国情和可持续发展战略要求我国必须建立资源节约型和环境保护型的交通运输体系，也就是要求改变传统交通运输发展模式的资源和环境特性，推进交通运输的可持续发展。铁路运输是我国的重要运输形式，我国自 1876 年建成上海吴淞铁路以来，迄今已有近140 年的历史了。到 1949 年留存下来的铁路仅 2 万余千米，其中能够勉强维持通车的铁路仅 1.1 万千米。当时全国铁路的客运量为 1 亿人次，货运量仅 5 000

多万吨。新中国成立以来，我国铁路发展在数量和质量两个方面都取得了明显的进步。到 2004 年，全国铁路营业里程（不含地方铁路）已达到 61 015 千米，完成客运量 11.18 亿人，货运量 24.90 亿吨。铁路在对西南、西北地区的国土开发方面，更是起了不可估量的作用，素有"蜀道之难，难于上青天"的四川，正是由于宝成、川黔、成昆、襄渝、成渝等铁路，才从根本上缓解了"蜀道难"的千古难题。我国铁路运输始终处于骨干地位，对国民经济发展起到了强有力的支持作用。建设和发展好铁路运输事业，对我国的经济发展和社会稳定具有十分重大的意义，因此，实现交通运输的可持续发展首先必须考虑铁路运输的可持续发展，绿色铁路的构想就产生于这种大环境之下。

3.4.1.2 绿色铁路研究是绿色 GDP 研究的需要

国内生产总值（GDP）是一个国家或地区的常驻单位在一定时期内所生产和提供的最终货物和服务的总价值。GDP 是一个综合性的经济总量，是对最终产品的统计，是反映一个国家或地区的生产规模及综合实力的重要总量指标。

GDP 这个总量指标是一把尺子、一面镜子，衡量着所有国家与地区的经济表现，这是 300 多年来诸多经济学家、统计学家共同努力的成果。但是现行的国内生产总值核算体系仍然存在缺陷。这些缺陷表现在：GDP 不能反映经济发展对资源与环境造成的负面影响；GDP 不能准确地反映一个国家财富的变化；GDP 不能反映某些重要的非市场经济活动；GDP 不能全面地反映人们的福利状况。GDP 的局限性最主要地表现在实现可持续发展战略方面的缺陷。

经济产出总量增加的过程，必然是自然资源消耗增加的过程，也是环境污染和生态破坏的过程。而国内生产总值反映了经济的发展，但是没有反映经济发展对资源利用和对环境质量的影响，也就是说它仅仅侧重于反映经济增长的数量，而在衡量经济总值的质量方面有较大缺陷。因而随着环境保护运动的发展和可持续观念的兴起，20 世纪中叶，一些经济学家和统计学家尝试将环境要素纳入国民经济核算体系，以发展新的国民经济核算体系，即绿色 GDP。

绿色 GDP（常被缩写为 GGDP）即绿色国内生产总值，是对 GDP 指标进行有关调整后的，用以衡量一个国家财富的总量核算指标。绿色 GDP 就是从现行统计的 GDP 中扣除环境成本（包括环境污染、自然资源退化等）因素引起的经济损失成本，从而得出较真实的国民财富总量。

绿色 GDP 不仅能反映经济增长水平，而且能够体现经济增长与环境保护和谐统一的程度，可以很好地表达和反映可持续发展的思想和要求。一般来讲，绿色 GDP 占 GDP 的比重越高，表明国民经济增长的正面效应越高，负面效应越低。

目前，许多国家都在研究绿色 GDP，有些国家已开始试行绿色 GDP。挪威早在 1981 年首次公布并出版了"自然资源核算"数据报告和刊物；美国也于 1992 年开始从事自然资源卫星核算方面的工作；荷兰建立和发表了以实物单位编制的 1989—1991 年每年的包括环境核算的国民经济核算矩阵。他们都对传统的国民经济体系进行了修正，从 GDP 中扣除了自然资源耗减价值与环境污染损失价值。但迄今为止，全世界还没有一套公认的绿色 GDP 核算模式，也没有一个国家以政府的名义发布绿色 GDP 结果。这主要是因为进行绿色 GDP 核算还有相当大的困难，存在许多重大技术难题：

（1）自然资产的产权界定及市场定价较为困难。许多自然资产同时具有生产性和非生产性资产的属性，因此其产权界定非常困难，如何界定自然资产产权并为其合理定价，一直是绿色 GDP 核算研究领域的一个主要难点，也是绿色国民经济核算不能取得实质性进展的一个重要原因。

（2）环境成本的计量较难处理。环境成本是指某一主体在其可持续发展过程中，因进行经济活动或其他活动，而造成的资源消耗成本、环境降级成本以及为管理其活动对环境造成的影响而支出的防治成本总和。环境成本计量是绿色 GDP 核算的基础，但确定环境成本的概念比较容易，而实现环境成本的计量却是困难的。

（3）市场定价较为困难。绿色 GDP 与 GDP 不一样，GDP 有一个客观标准，即市场交易标准，所有的交易都有市场公认的价格。买卖双方认可的价格是客观存在的，但绿色 GDP 对资源耗费的估计没有标准，不同的人得出的结论不同，所以要提供一个比较科学的让大家认可的绿色 GDP 的数据相当困难，这方面的工作还是相当艰巨、复杂的。

绿色 GDP 的理论基础正是基于可持续发展观，既满足当代人的需要，又不损害后代人的需要，它强调经济社会的发展必须同资源开发利用和生态环境保护相协调。绿色 GDP 通过将资源的损耗及环境污染与生态恶化造成的经济损失货币化，使人们更直接地认识到资源有价、环境有价，并从中清醒地看到经济开发活动给生态环境和自然资源带来的负面效应，看到伴随 GDP 的增长付出的环境资源成本和代价，从而使人们在追求经济增长的同时自觉珍惜资源，保护环境，走可持续发展之路。绿色 GDP 实质上代表了国民经济增长的净正效应。绿色 GDP 占 GDP 的比重越高，表明国民经济增长的正面效应越高，负面效应越低。

工业、农业、建筑、交通和商业等行业都是国民经济的重要组成，对于国民经济的发展具有重要的作用。但是，在粗放型经济发展阶段对资源的消耗和环境生态的损害，也是不可低估的。由于行业的特点决定了各行业对资源的要求和对环境的损害有很大的差别，因此在绿色 GDP 中的核算就存在着各自的特点。比如工业大量占有矿产资源而输出废气、废渣；农业大量占有土地资源，而农药化肥的使用造成了土壤的盐碱化；建筑行业占有土地资源而输出了大量的建筑弃渣；交通占用了土地资源而破坏植被引起水土流失等。这些都表现了行业对自然环境破坏的成本是不同的，由此，建立各行业的绿色核算指标体系势在必行。绿色铁路的研究及建立是适应时代要求的，它通过核算铁路建设付出的生态、资源代价，并进行绿色评价，进一步明确铁路建设和运营带来的生态和资源代价，寻求铁路和区域社会经济的可持续发展，提高铁路在绿色 GDP 中的贡献。因此，绿色铁路研究是绿色 GDP 对我国铁路建设和运输的需要。

3.4.2　绿色铁路研究的实际意义

我国的基本国情是地大物博、人口众多、人均资源量少。根据《各国矿产储量潜在总值》的估算，我国矿产资源储量潜在总值居世界第 3 位，但人均矿产储量潜在总值只有世界平均水平的 58%，人均能源占有量是 1/7，其中人均石油占有量是 1/10。目前，我国人均石油消费只有美国人均数的 1/18，人均土地面积为 0.777 公顷，相当于世界人均水平的 1/3；2004 年人均耕地面积已降到 0.094 公顷，不到世界人均数的 40%；人均占有森林面积为 0.11 公顷，相当于世界人均水平的 17.2%；人均拥有水资源量也只有世界人均占有量的 1/4，是全球 13 个人均水资源最贫乏的国家之一。资料表明，世界主要工业化国家交通运输业的能耗占国家总能耗的 30% 左右，而石油是交通运输消耗的主要能源，占能耗的 90% 以上。实现交通运输的能源节约意义重大，因此，寻求节能降耗的运输方式是我国运输事业发展的必然之路。针对我国铁路建设在过去相当一段时期，在设计、施工和运营中注重安全因素而或多或少忽视生态环境保护，忽视自然资源的承受能力，忽视铁路建设是否与区域社会和经济相互促进并协调发展的现状，绿色铁路理论及评价的研究拟应用系统工程学的思想和统计学、评价学以及生态工程学等的基本理论和方法，对绿色铁路理论、绿色铁路指标体系和绿色铁路评价体系进行较深入的研究，并将研究成果用于铁路线路的绿色评价。这不仅有助于减少铁路建设对当地生态环境的负面影响，促进铁路建设及区域社会、经济的发展，减少资源能源的消耗，更有利于实现铁路建设与社会、经济、资源和环境的可持续发展。绿色铁路建设对于我国构建社会主义和谐社会，促进我国社会进步和人民物质生活水平的不断提高具有重要实际意义。

4 绿色铁路的评价

4.1 绿色铁路的评价理论

第 3 章建立了绿色铁路的理论，要将该理论应用于铁路工程实践，首先应进行绿色铁路评价。绿色铁路评价是在铁路设计、施工和运营阶段，通过对铁路项目前期决策、设计、施工及生产运营情况的系统分析，对铁路建设对环境、生态、能源、景观的影响进行客观全面的剖析，评价铁路项目的"绿色"状态，找出铁路项目存在的"非绿色"因素及其产生原因，为铁路项目的改进和发展提出切实可行的对策，以利于铁路与生态环境的协调，提高其"绿色"水平，并为今后投资铁路项目建设和管理提供参考。

从评价指标看，铁路项目是一个综合、复杂的系统，评价时不宜使用单一的评价指标，应建立综合评价指标体系进行综合评价。

从评价方法看，由于影响绿色铁路评价的因素众多，不少因素具有模糊性、复杂性，因此，宜采用定性和定量相结合的评价方法，才能对被评价对象作出准确、科学的评价。常见的评价方法可以分为 3 类（表 4.1）：① 基于专家知识的主观评价法（定性评价方法或专家定性判断法）；② 基于统计数据的客观评价法（定量评价方法或定量指标评价法）；③ 基于系统模型的综合评价方法（包括定性与定量相结合的评价方法和各种综合评价方法）。

表 4.1　评价的主要方法

方法分类	方法性质	主要代表性方法
基于专家知识的主观评价法	定性评价	同行评议法、专家评议法、德菲尔法、调查研究法、案例分析法和定标比超法等
基于统计数据的客观评价法	定量评价	文献计量法、科学计量法、经济计量法等
基于系统模型的综合评价方法	综合评价	层次分析法、模糊数学方法、运筹学方法、统计分析法、系统工程方法和智能化评价方法等

也有学者将评价方法分为 4 类（表 4.2）：多指标综合评价方法、指数法及

经济分析法、数学方法和基于计算机技术的方法。

表 4.2　评价的主要方法

方法类别	方法性质	代表性方法
多指标综合评价方法		综合评分方法、视图法、约束法、优序法、线性分配法、逻辑选择法、层次分析法、目标决策法
指数法及经济分析法		指数法、费用-效益分析、投入产出分析、价值工程
数学方法	运筹学方法	数学规划（线性分析、动态规划）、数据包络分析、排队论等
	数理统计法	多元统计分析（聚类分析、判断分析、主成分分析、因子分析、Bayes 方法等）、回归分析、相关系数检验法、熵测法、综合关联法、Ridit 分析法等
	模糊数学法	模糊综合评判、模糊聚类、模糊序、模糊层次分析法、模糊距离模型等
	灰色系统理论	灰色统计、灰色聚类、灰色关联度分析、灰色局势决策法、灰色层次评价、灰色评估分配法、灰色综合评价等
	物元分析	物元神经网络、可拓聚类分析、模糊灰色、物元空间（FHW）决策系统
基于计算机技术的方法		人工神经网络、专家系统、计算机仿真、系统动力学、决策支持系统

　　不同地区的生态环境、地质环境、景观环境、环境污染特征存在差异，因此不同地区的铁路建设对环境、生态、景观和地质环境等的影响也不同。绿色铁路评价解决的关键问题主要集中在绿色铁路指标体系和评价体系的建立上，包括：绿色铁路指标体系的因子筛选、权重确定、系统建立和评价方法以及实例验证。绿色铁路指标体系的建立可以说是建立绿色铁路评价体系的基础，因此绿色铁路指标因子的筛选和权重确定以及评价模型的建立是研究的关键。

　　综上所述，绿色铁路评价体系的整个研究是一个由理论→实践→理论→再实践的过程，其研究总体思路有：

　　（1）通过广泛社会调研及国内外大量资料的收集、分析、提升，界定绿色铁路评价的理论与方法。

　　（2）运用专家评判法、主成分分析法等对绿色铁路评价体系各项内容的评价因子进行分析、识别和筛选，得出影响评价结果的主要影响因子，建立相应的绿色铁路指标体系。

（3）采用模糊聚类等方法对绿色铁路评价体系进行综合，并建立具体的评价方法，得出评价效益，以此来判断铁路项目的绿色程度。

（4）借助可持续发展的战略思想，全面分析铁路建设对环境、生态、能源、景观的影响，提出合理建议，从长远角度评价铁路项目的效益水平。

绿色铁路评价技术路线图如图4.1所示。

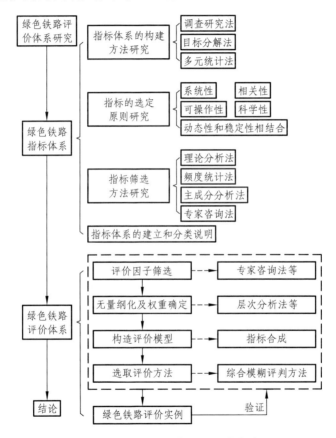

图 4.1 绿色铁路评价体系研究技术路线图

绿色铁路评价是贯穿了铁路建设中的生态保护、环境治理、地质灾害防治，以及铁路运营、维护中的污染控制治理、人文景观防护等诸多方面的综合评价。在评价过程中，其以评价标准为依据，基于被评价对象——铁路项目的基本特征，客观地进行评价。评价时，遵循全面、相互联系、发展的观点，从整体上评价铁路项目的各方面，使得评价更准确、更全面。

4.2 绿色铁路评价的指标体系

评价指标和指标体系是对被评价对象全部或部分特征的真实反映，其准确反映事物的真实程度是科学评价结论准确、可靠的基本保障。科学地确定评价指标体系是科学评价的前提，只有设计出科学合理的评价指标体系，才有可能得出科学公正的评价结论。

评价指标体系形成的原则包括两层含义：一层是指指标体系构建原则，另一层是指评价指标筛选或优化原则。在构建科学评价指标体系时，一般是使用层次分析法建立指标体系的层次结构模型，然后再对指标进行筛选并优化指标体系的结构。

4.2.1 指标体系的提出

指标（indicator）来自拉丁文 indicare，具有揭示、指明或者使公众了解等含义。指标体系则是描述和评价某种事物指标的集合，是由反映复杂事物各个侧面的多个指标结成的有机整体。因此，指标体系不是很多指标的任意堆积或者简单叠加，而是各个指标通过围绕一个共同的主题或者核心建立起来的。这些指标之间既要有一定的内在联系，同时还要尽可能去除指标信息上的相关部分和重叠部分。

指标体系中的指标应具有可比性、简单性、联系性三个方面的特征：指标之间具有可比性，即指标是根据统一的原则和标准进行选取的；指标表达形式要有简单性，要对指标进行简化处理，同时保持最大信息量；指标之间具有联系性，需要进行指标产生机理的研究，将指标统一在一个综合框架中。

所谓绿色铁路评价指标，就是指用来评价铁路建设（包括勘察、设计、施工、运营）可持续发展目标的实现程度所采用的标准或尺度。建立绿色铁路评价指标体系，一方面需要以现有的各项统计方法和数据为基础，进行深入加工；另一方面，绿色铁路评价指标并不是原有传统的经济、环境和社会等领域的统计指标的简单照搬、相加和堆积，而是要在绿色生态评价的理念下，根据沿线生态环境的特点以及生态学各要素间的联系和相互关系，对已有的生态学指标、环境学指标进行有机综合、提炼、升华和一定程度上的创新。绿色铁路评价是一个创新性的课题，缺乏已有的研究资料作为参考，尤其是绿色铁路评价指标体系有待于建立、研究和完善。因此，绿色铁路评价首要的任务是如何充分利用现有的条件，收集、获取相关的统计数据，并使各项统计指标构成一个有序而严谨的体系。

4.2.2 指标体系的构建原则及方法

4.2.2.1 指标体系的构建原则

绿色铁路评价指标是用来评价铁路建设项目生态环境保护目标的实现程度所采用的标准或尺度。绿色铁路评价指标体系是由若干相互联系、相互补充、具有层次性和结构性的指标组成的有机系列。这些指标既有直接从原始数据而来的基本指标，用以反映子系统的特征；又有对基本指标的抽象和总结，用以说明子系统之间的联系及区域可持续发展作为一个整体所具有性质的综合指标，如各种"比""率""度"及"指数"等。为了使所建立的评价指标体系能够综合反映绿色铁路评价的各个方面，在进行评价指标体系的构建过程中应遵循以下原则：

（1）系统性原则。

铁路生态系统，要求指标体系必须能够全面系统地反映铁路生态评价的主要目标，能较客观和真实地反映系统发展的状态及系统之间的相互协调，同时又避免指标之间的重叠性，使评价目标和评价指标连成一个有机的整体。指标的选择力求具有典型性、完备性、广泛的涵盖性和高度的概括性，使指标体系通过现行的定量和定性评价方式能够准确、充分、科学地反映铁路建设项目的发展水平，评价符合现实。

（2）代表性原则。

选取铁路建设项目绿色生态评价指标时应尽量选择那些具有代表性、最为重要的指标。铁路建设项目的生态绿色程度可以从多种角度来反映，如果每一个角度都确定大量的指标是不现实的，只能根据区域目标中的关键问题选择具有代表性的综合指标。指标应尽可能简捷、通俗，且资料容易搜集，容易从已有的信息资源中进行测算，同时，由于单个指标只能反映某一方面的情况。为了得到评价的统一量纲，还必须用各种科学方法对多个指标进行综合处理。

（3）可操作性原则。

指标是研究理论与实践操作的结合点。构建绿色铁路评价指标体系既要以研究理论为基础，同时又必须考虑实践操作的可行性和现实数据资料支持的可行性。由于大多数生态环境指标难以通过实验来确定数量，在指标确定时要尽可能利用现有的能反映生态环境问题的统计数据，即指标数据易于通过统计资料、抽样调查，以及直接从有关部门获得，并有一定的实施可操作性。

（4）科学性原则。

铁路建设项目绿色生态评价指标概念必须明确，且具有一定的科学内涵，能够度量和反映项目建设和运营中与生态环境保护相关的特征，有利于对项目生态环境保护工作的开展状态进行动态检测与分析研究，使信息输出系统能够客观真实地反映其情况。换言之，科学性原则要求铁路建设项目绿色生态评价指标的定义、测算方法、信息来源、权数确定都必须有科学依据。

（5）动态性与稳定性相结合原则。

绿色铁路评价是一个长期的过程，因此指标体系既要充分考虑系统的动态变化特点，能综合反映铁路建设和运营的现状特点和发展趋势，便于进行预测和管理，又要在一定的时期内保持指标体系的相对稳定性，不宜变动过频。

4.2.2.2　指标体系的构建方法

评价指标体系的构建是进行评价的一个重要组成部分，相应地，绿色铁路评价指标体系的构建则是绿色铁路评价的一个重要内容。绿色铁路评价指标体系的构建方法、建立的原则和依据是相互联系的，选择正确的构建方法，将增强指标体系建立的科学性。指标体系的构建方法有很多种，应用较多的主要有以下几种：

（1）调查研究法。

该方法是通过调查研究，在广泛收集有关指标的基础上，利用比较归纳法进行归纳，并根据评价目标设计出评价指标体系，再以问卷的形式把设计的评价指标体系寄给有关专家填写的一种搜集信息的研究方法。

（2）目标分解法。

该方法是通过对研究主体的目标或任务具体分析来构建评价指标体系的。对研究对象进行分解，一般是从总目标出发，将综合评价指标体系的度量对象和度量目标划分成若干个不同组成部分，并逐步细分，直到每一部分都可以用具体的统计指标来描述和实现。这是构造综合评价指标体系最基本、最常用的方法。

（3）多元统计法。

该方法通过因子分析和聚类分析等方法，从初步拟订的较多指标中找出关键性指标。具体地说，它一般先进行定性分析，初拟出有关研究对象所要评价的各种要素，然后进行第二阶段的定量分析，也就是对第一阶段所提出的分析结果进行进一步的深化和扩展。在这一阶段中，一般是对第一阶段初拟的指标体系进行聚类分析和主成分分析。聚类分析的目的在于找出初拟指标体系中各指标之间的有机联系，把相似的指标聚以成类。主成分分析的目的在于找出初拟指标体系中那些起决定作用的综合性较大的指标。通过聚类分析和主成分分析，我们就可根据初拟指标体系中各项指标间关系的密切程度（相关系数）与概括能力（贡献率）大小，筛选出具有决定意义的指标体系。接着再进行因子分析，指出新指标体系中各指标的主次位置。多元统计是解决多因子问题的一种有效方法。其主要的优点是：具有逻辑和统计意义，科学性强；能综合简化要素，解决要素的归属、要素间的联系和隶属位次等问题；能建立定性与定量相结合的评价指标体系；能处理大量的数据和信息。

本研究综合上述三种方法的优点，在收集大量数据的基础上，选择合适指标，运用目标分解法构建绿色铁路评价指标体系，把绿色铁路评价这一目标按照逻辑分类向下展开为若干目标，再把各个目标分别向下展开为分目标或准则，以此类推，直到可定量或可进行定性分析（指标层）为止。

4.2.3 评价指标的筛选

4.2.3.1 评价指标的筛选方法

指标的筛选是一项复杂的系统工程，在选取指标时要求评价者对评价系统要有充分和全面的认识。在筛选绿色铁路评价指标时，应在高速铁路生态环境识别的基础上，综合铁路生态环境分析及铁路生态环境调查情况，同时借鉴国内外生态环境评价研究、实际工作中的指标设置以及建设项目环评的指标体系，首先从原始数据中筛选出评价信息，然后通过筛选、理论分析确立高速铁路绿色环境评价指标。

在上述工作的基础上，采用理论分析法、频度统计法、主成分分析法与专家咨询法，同时结合高速铁路建设项目的特征因素，来筛选指标，以满足指标选取的科学性和完备性。

（1）理论分析法：对铁路绿色的内涵、特征进行综合分析，选择那些重要的具有代表性的指标，要建立反映某个问题的指标，若没有现成的指标可以综合，那就需要把这个问题分解，然后再进行综合。

（2）频度分析法：对目前有关铁路绿色生态评价研究的报告、论文进行频度统计，在保证全面性的前提下，选择那些使用频度较高、针对性较强、对铁路评价影响较大的指标。

（3）主成分分析法：在保证信息损失尽可能少的前提下，经线性变化对指标进行"聚集"，并舍弃一小部分信息，从而使高维的指标数据得到最佳的简化。

（4）专家咨询法：在初步提出评价指标的基础上，征询有关专家的意见，对指标进行调整，专家的选择虽然具有主观性，但它们是专家本人长期积累的知识的反映，集成了多数专家的意见，在一定程度上可以化主观为客观。

4.2.3.2 铁路对生态环境的影响分析

要建立较为全面的绿色铁路评价指标体系，就必须准确地找出与高速铁路生态环境影响相关的影响因子。铁路建设和运营项目对所经区域的社会经济环境和自然生态环境都会产生系统性的影响，而且每个部分的影响都是综合的、多方面的、复杂的。

铁路建设对生态环境的影响途径主要包括：施工人员的施工活动、机械设备的使用等使植被、地形地貌发生改变，使土地和水体的生产能力及利用方向发生改变，以及由于生态因子的改变而使自然资源受到影响。具体表现在以下几个方面：工程征地、拆迁和建设过程造成征地范围内农作物、植被和农田灌溉设施永久性破坏；施工作业所产生的噪声将会对沿线环境敏感点产生影响；建设阶段各种施工机械、重型运输车辆对周围环境也会产生振动影响；建设期产生的废水会对当地生态环境产生破坏；施工机械产生的烟气、土石方施工及运输车辆产生的扬尘以及各个施工营地配备的临时性小型锅炉、烧水、做饭时排放的烟气，也将对大气环境产生一定影响。

铁路运营对生态环境的影响途径主要包括铁路运营对沿线动植物的影响，以及高速列车产生的噪声振动和电磁辐射污染。具体表现在以下几个方面：铁路运营影响当地的植物以及动物的生活习性，使得生态因子变化；产生的噪声振动和电磁辐射污染会对沿线环境敏感点产生影响，对当地生态环境产生破坏。

4.2.4 绿色铁路评价指标体系的建立

绿色铁路评价指标体系是依据高速铁路在建设和营运过程中对环境的影响，把相互联系且能够说明环境质量状况的各个指标，科学地加以分类和组合而形成的指标体系，反映了铁路本身及其所在区域生态环境的综合状况。因此，绿色铁路评价指标体系是一系列有内在联系的指标的组合，它能反映出铁路及铁路所在区域环境质量的状况与变化进程，从总体上协调铁路建设项目与环境保护的关系，促进社会经济和环境的可持续发展。

根据上述分析，我们可以运用目标分解法对绿色铁路评价指标体系进行构建。在绿色铁路评价指标体系构建原则的指导下结合国内外生态环境评价研究和实际工作中的指标设置，确定绿色铁路评价指标体系，见表4.3～表4.5。

表 4.3 设计阶段绿色铁路评价指标体系

一级指标	二级指标	三级指标
土地利用	永久占地	耕地占用率（永久占地中耕地比例与线路中线两侧各 1 km 内耕地比例的比值）
		每正线公里永久用地
	临时占地	耕地占临时用地的比例
		每正线公里临时用地
水土保持	高路堤	高路堤总长占线路总长度的比例
		高路堤边坡植物防护面积占总边坡防护面积的比例
	深路堑	深路堑总长度占线路总长度的比例
		深路堑边坡植物防护面积占总边坡防护面积的比例
	取、弃土场	每正线公里挖方量
		每正线公里填方量
生态保护	景观协调性	车站景观协调度
		桥梁景观协调度
		路基景观协调度
		隧道洞口景观协调度
	法定环境敏感区	工程与法定环境敏感区距离（自然保护区、风景名胜区、饮用水源保护区、文物保护单位、森林公园、地质公园等）
	动植物保护	林地占用率（永久占地中林地比例与线路中线两侧各 1 km 内林地比例的比值）
		保护植物占用率（永久占地中保护植物比例与线路中线两侧各 1 km 内保护植物比例的比值）
		是否涉及水生保护动物的洄游通道、产卵场、繁殖场、越冬场
		是否涉及陆生动物的迁移通道
环境污染治理	噪声	噪声治理率
	振动	振动治理率
	固体废物	固体废物处置率
	电磁干扰	电磁干扰防护情况
	污水	污水达标排放率
	废气	废气达标排放率
节能降耗（能源消耗）	油消耗	每公里耗油量
	电消耗	每公里耗电量
	清洁能源利用	站、段（所）清洁能源利用率

表 4.4　施工阶段绿色铁路评价指标体系

一级指标	二级指标	三级指标
环境管理	施工组织设计	环境保护措施的完善程度
	规章制度	环境保护方面规章制度的完善程度
		环境保护方面规章制度的执行程度
	机构设置	环境保护有关机构的健全程度
	培训、标志	环保知识培训、环保警示标志的普及程度
环保措施	临时环保措施	桥梁桩基泥浆处理设施的完善程度
		污水、扬尘、噪声等的临时防护措施的完善程度
	永久环保工程	环境污染控制工程的完善程度
水保措施	临时水保措施	表土剥离、临时堆放、防护措施的完善程度
		施工场地临时排水设施的完善程度
		弃渣拦挡等水保措施的完善程度
	永久水保工程	水土保持工程的完善程度
		土地复垦工程的完善程度
环境污染治理	噪声	噪声治理率
	振动	振动治理率
	固体废物	固体废物处置率
	污水	污水治理率
	废气	废气治理率
节能降耗（能源消耗）	电能消耗	生产电能消耗
		生活电能消耗
	石油消耗	运输车辆能耗
		燃油机具能耗

表 4.5　运营阶段绿色铁路评价指标体系

一级指标	二级指标	三级指标
节能降耗	减排	化学需氧量排放量下降百分比
		二氧化硫排放量下降百分比
		氨氮排放量下降百分比
		氮氧化物排放量下降百分比
	节能	单位运输工作量综合能耗降低比例
		清洁能源利用比例
环境污染治理	噪声	噪声达标治理率
	振动	振动达标治理率

续表 4.5

一级指标	二级指标	三级指标
环境污染治理	电磁干扰	电磁干扰防护情况
	固体废物	固体废物处置率
	污水	污水治理率
安全舒适	线路病害	线路病害率
		沿线防护程度
	舒适度	旅行环境舒适度
绿化	铁路沿线绿化	铁路沿线绿化率
	站场美化绿化	站场绿化率

4.2.5　绿色铁路评价指标的计算方法及指标说明

4.2.5.1　绿色铁路评价指标的计算方法

（1）指标数据标准化。

数据标准化，即数据的无量纲化、规格化，是指通过数学变换来消除原始变量量纲影响的方法。不同的评价指标具有不同的单位，并且即使是具有相同单位的不同指标，其数值的大小也有很大差异，这就是量纲的不同。如果直接使用这些量纲不同的指标数值进行综合评价，将有可能夸大数值较大的指标的作用。

① 指标的属性。

指标的属性可分为正向、逆向和适度三类。正向指标的值越大越好；逆向指标的值越小越好；适度指标的值不应过大或过小，而是达到适度值或适度区间最好。适度指标也可看作是正负指标的组合，只要找到适度点，也可在适度点前后分别转化为正向、逆向指标。

② 指标数据标准化方法。

根据指标数据属性、指标权重的确定方式，指标数据标准化的方法可以分为直线型、折线型和曲线型三种，其中最常用的是直线型方法。直线型标准化方法是在将指标实际值转化为不受量纲影响的指标评价值时，假定二者之间成线性关系，指标实际值的变化引起指标评价值一个相应比例的变化。直线型标准化方法主要有阈值法、Z-Score 法，折线法常用隶属函数法。

（2）绿色铁路定性指标的数量化。

对于大多数的多指标统计综合而言，由于构成评价指标体系的指标都是已经量化的，因此就可直接采用一定的方法进行综合评价。随着综合评价应用领域的发展、统计指标测量内容的扩大，一些定性的变量被引入到综合评价指标体系中来。定性变量的数量化方法体现了评价者的评价立场，从而影响到评价结论，主要量化方法包括：① 两两比较评分法，如层次分析法（AHP）；② 专家评分法，如 Delphi 法；③ 尺度评分法。

（3）指标标准值的确定。

指标的无量纲化处理，就是将指标值与其标准值相比较，按照一定的计算方法求得该指标的得分。因此，指标标准值在评价过程中是一组很重要的量，它们是衡量人们对被评价对象指标值满意程度的标准。指标标准值一般反映在一定时期人们对被评价对象某一方面发展水平的要求，这种要求是一类或某一个被评价对象某一方面发展的客观可能性与人们对它的主观期望的综合。在绿色铁路评价指标体系中，指标标准值应体现发展的"绿色"这个总要求。绿色铁路评价指标体系标准值的确定，要依据国家有关标准、规划值，同时结合铁路自身特点根据不同情况进行处理。

4.2.5.2　绿色铁路评价指标说明

（1）土地利用指标。

我国现有耕地资源在急剧减少，且后备资源严重不足，耕地已成为最为紧缺的资源，保护耕地尤其是基本农田对可持续发展和和谐社会建设都有重要意义。在铁路设计施工阶段，尽量少占耕地、林草地，多利用荒地、废弃地。土地占用指标，包含以下临时用地和永久用地指标。

① 耕地占用率。根据我国 1998 年 12 月 27 日国务院令第 257 号发布的《基本农田保护条例》，基本农田是指按照一定时期人口和社会经济发展对农产品的需求，依据土地利用总体规划确定的不得占用的耕地。本指标反映了建设项目对基本农田的占用情况，铁路建设无可避免地要占用农田，根据国务院关于基本农田保护的有关精神，应尽可能地节约农田。类比同类型建设项目，以耕地占用比例 70%～80%为中等水平，其计算公式如下，其分级见表 4.6。

农田占用比例=（占用农田总量/建设项目总占地面积）×100%

表 4.6　农田占用比例评判分级

评价等级	差	较差	一般	较好	好
占用比例/%	>90	80～90	70～80	60～70	<60

② 每正线公里永久用地（表 4.7）。

表 4.7   每正线公里永久用地评判分级

评价等级	差	较差	一般	较好	好
评分情况	1	2	3	4	5

③ 耕地占临时用地的比例（表 4.8）。

表 4.8   耕地占临时用地的比例评判分级

评价等级	差	较差	一般	较好	好
占用比例/%	>90	80～90	70～80	60～70	<60

④ 每正线公里临时用地（表 4.9）。

表 4.9   每正线公里临时用地评判分级

评价等级	差	较差	一般	较好	好
评分情况	1	2	3	4	5

（2）设计期水土保持指标。

① 高路堤、深路堑相关指标，包括高路堤总长占线路总长度的比例、深路堑总长度占线路总长度的比例、高路堤边坡植物防护面积占总边坡防护面积的比例、深路堑边坡植物防护面积占总边坡防护面积的比例，考虑到量化的实际困难，我们采用 Delphi 法来进行评级，见表 4.10。

表 4.10   高路堤、深路堑相关指标分级

评价等级	差	较差	一般	较好	好
评分情况	1	2	3	4	5

② 取、弃土场相关指标，包括每正线公里挖填方量，采用类比同类型建设项目方法来进行分级，其中平原地区主要以沪杭线、京津城际等几条线路的设计平均值为参考基准，山区主要采用成渝、西成客专、武广客专设计的平均值，见表 4.11、表 4.12。

表 4.11   每正线公里挖方量分级

评价等级		差	较差	一般	较好	好
方量 /（×10⁴ m³）	平原	>5	3～4	2～3	1～2	<1
	山区	>25	20～25	18～20	15～18	<15

表 4.12   每正线公里填方量分级

评价等级		差	较差	一般	较好	好
方量 /（×10⁴ m³）	平原	>8	6～8	4～6	2～4	<2
	山区	>10	7～10	4～7	1～4	<1

（3）生态保护指标。

① 景观协调度。

景观协调度是指铁路线路和外部景观，如风景旅游名胜区等在景观学角度上的协调程度。对于铁路边坡，通过绿化不仅可以增加边坡稳定性，还可以使得铁路的绿化景观更优美；对于铁路隧道口和站场，经过设计可以达到与周边景观更为协调的效果。景观协调度评判可以用景观敏感度、景观破碎度和景观分离度来衡量。景观协调度指标是定性指标，景观敏感度越低、破碎度越小、分离度越低，景观协调度越好。本报告采用 Delphi 法对景观敏感度、景观破碎度和景观分离度 3 个分量进行综合定量评价，具体分值如表 4.13 所列。

表 4.13　景观协调度评价分级

评价等级	差	较差	一般	较好	好
景观协调度	1	2	3	4	5

② 法定环境敏感区。

法定环境保护目标主要包括自然保护区、风景名胜区、水源保护区、文物保护单位、森林公园、地质公园等，其分级见表 4.14。

表 4.14　法定保护目标分级

评价等级	差	较差	一般	较好	好
距离/m	穿越（<0）	<60	60～120	120～200	>200

③ 动植物保护指标。

Ⅰ. 林地占用率，林地占用率采用类比同类型建设项目的方法进行分级，见表 4.15。

表 4.15　林地占用率评判分级

评价等级	差	较差	一般	较好	好
占用比例/%	>10	7～10	4～7	1～4	<1

Ⅱ. 保护植物占用率，其分级见表 4.16。

表 4.16　保护植物占用率评判分级

评价等级	差	较差	一般	较好	好
占用比例/%	>10	5～8	3～5	1～3	<1

Ⅲ. 是否涉及陆生动物的迁移通道，其分级见表 4.17。

表 4.17　是否涉及陆生动物的迁移通道评判分级

评价等级	差	好
评分情况	1（涉及）	5（不涉及）

Ⅳ. 是否涉及水生保护动物的洄游通道、产卵场、繁殖场、越冬场,其分级见表4.18。

表 4.18 是否涉及水生保护动物保护相关评判分级

评价等级	差	好
评分情况	1(涉及)	5(不涉及)

(4)环境污染治理。

主要包含噪声、振动、污水、电磁辐射等指标,用治理率来表示,其分级见表4.19。

表 4.19 治理率评判分级

评价等级	差	较差	一般	较好	好
治理率/%	<30	30~50	50~70	70~90	>90

(5)节能降耗。

① 设计期能耗。

Ⅰ. 电力和石油能耗消耗,其评判分级见表4.20。

表 4.20 电力/石油消耗评判分级

评价等级	大	较大	一般	较小	小
评分	1	2	3	4	5

Ⅱ. 站、段(所)太阳能、风能、地热能等清洁能源利用率,其评判分级见表4.21。

表 4.21 站、段(所)清洁能源利用率评判分级

评价等级	差	较差	一般	较好	好
利用率/%	<60	60~65	65~70	70~75	>75

② 施工期能耗(电力/石油消耗),其评判分级见表4.22。

表 4.22 电力/石油消耗评判分级

评价等级	大	较大	一般	较小	小
评分	1	2	3	4	5

③ 运营期能耗(节能降耗)。

节能降耗指标评价等级根据2007—2011年铁道统计公报中"节能减排"部分相应的数据确定。

Ⅰ. 减排。减排指标评价等级根据 COD 和 SO_2 的排放量降低百分比确定,评价等级依据参考 2007—2011 年铁道统计公报。

2007 年化学需氧量排放量降低 5.3%,2008 年降低 6.1%,2009 年降低 4.0%,

2010 年降低 2.0%，2011 年降低 3.7%，2012 年降低 2.1%，见图 4.2。

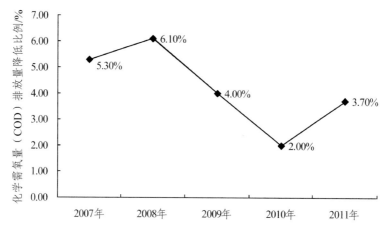

图 4.2   2007—2011 年国家铁路化学需氧量（COD）排放量降低比例

根据原铁道部统计中心 2007—2011 年国家铁路化学需氧量（COD）排放量降低比例统计数据，化学需氧量（COD）排放量降低比例判别等级如表 4.23 所示。

表 4.23   COD 减排评判分级

评价等级	差	较差	一般	较好	好
减少比例/%	<0	0～1	1～3	3～5	>5

2007 年二氧化硫排放量降低 5.7%，2008 年降低 3.0%，2009 年降低 5.1%，2010 年降低 2.4%，2011 年降低 0.5%，2012 年降低 5.0%，见图 4.3。

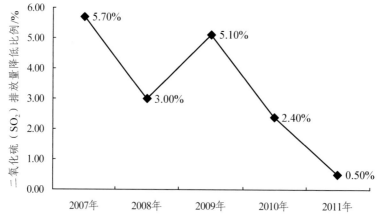

图 4.3   2007—2011 年国家铁路二氧化硫（SO₂）排放量降低比例

根据铁道部统计中心 2007—2011 年国家铁路二氧化硫（SO₂）排放量降低

比例统计数据，二氧化硫（SO_2）排放量降低比例判别等级如表4.24所示。

表 4.24　SO_2减排评判分级

评价等级	差	较差	一般	较好	好
减少比例/%	<0	0～1	1～3	3～5	>5

Ⅱ．节能。节能主要体现在单位运输工作量能耗（吨标准煤/百万换算吨公里）以及清洁能源利用方面。

2003—2011年国家铁路单位运输工作量综合能耗（吨标准煤/百万换算吨公里）情况见图4.4，单位运输工作量综合能耗降低百分比情况见图4.5。

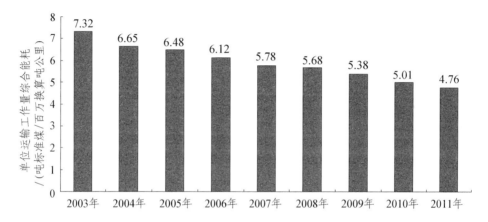

图 4.4　2003—2011年国家铁路单位运输工作量综合能耗

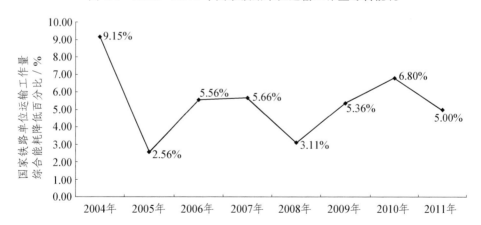

图 4.5　2004—2011年国家铁路单位运输工作量综合能耗降低百分比

根据原铁道部统计中心2004—2011年国家铁路单位运输工作量综合能耗降低百分比统计数据，单位运输工作量能耗降低比例判别等级如表4.25所示。

表 4.25　单位运输工作量能耗降低比例评判分级

评价等级	差	较差	一般	较好	好
减少比例/%	<0	0~1	1~2	2~4	>4
建议	<0	0~1	1~3	3~5	>5

近年来，太阳能、地源热泵、风能等清洁能源在铁路中的应用越来越广泛。地源热泵是一项成熟的可再生能源利用技术，其节能、环保、灵活、方便等特性和优势可以弥补我国铁路系统传统的供暖制冷方式存在的问题，空调系统能效比和自动化程度高，全年使用可以节约大量人力、物力，经济效益显著，并可减少城市热岛效应，环保节能效果明显。铁路站房占地面积大，有足够的设备安装空间，非常适合安装地源热泵空调系统。目前，地源热泵技术在铁路系统中的应用已有 100 多处、30 多万平方米。

京沪高铁上海虹桥站利用建筑物屋面设置太阳能板，建设并网太阳能光伏发电系统（图 4.6），结合铁路客站建设一次建成。该电站位于虹桥铁路枢纽站两侧雨棚之上，利用屋面面积 6.1 万 m²，太阳能电池板 23 910 块，总装机容量 6 688 kW，年均发电 630 万 kW·h，可供 12 000 户居民使用。在 25 年的设计寿命内，年平均上网电量 631 万 kW·h，年节约标煤 2 274 t，年减排二氧化碳 5 837 t，二氧化硫 45 t、氮氧化合物 20 t、烟尘 364 t。虹桥站地源热泵设计以冬季采暖负荷为基准，在 40 000 m² 站台板下空间布置 3 台地源热泵机组。利用土层中较恒定的温度，与土壤进行必式热量交换，达到夏季制冷、冬季供热的目的。

图 4.6　京沪高铁上海虹桥站太阳能光伏发电系统

此外，武广高铁武汉站屋顶发电项目，装机总量 2 200 kW，已于 2010 年 5 月实现并网发电，目前运行良好，年发电量 200 万 kW·h，直接供给铁路客站一级负荷（售票系统、安检系统、远程监控 FAS 系统、办公 BAS 系统等）使用。

清洁能源利用率判别标准为：有利用条件下的清洁能源使用率，判别等级如表 4.26 所示。

表 4.26　清洁能源利用率评判分级标准

评价等级	差	较差	一般	较好	好
利用情况/%	<50	50~60	60~70	70~85	>85

（6）环境管理。

环境管理包括培训、标识、机构设置、规章制度、施工组织设计，评价等级采用专家打分法进行打分（5分制）后进行综合汇总（表 4.27）。

① 环境保护措施的完善程度；

② 环境保护方面规章制度的完善程度；

③ 环境保护方面规章制度的执行程度；

④ 环境保护有关机构的健全程度；

⑤ 环保知识培训、环保警示标识的普及程度。

表 4.27　环境管理类完善程度评判分级标准

评价等级	差	较差	一般	较好	好
评分	1	2	3	4	5

（7）环保措施。

包括永久环保工程、临时环保措施，评价等级采用专家打分法进行打分（5分制，见表 4.28）。

① 桥梁基坑弃渣、泥浆处理设施的完善程度；

② 噪声、污水、扬尘等的临时防护措施的完善程度；

③ 污染控制工程的完善程度。

表 4.28　环保措施类完善程度评判分级标准

评价等级	差	较差	一般	较好	好
评分	1	2	3	4	5

（8）水保措施。

包括永久水保工程、临时水保措施，评价等级采用专家打分法进行打分（5分制，见表 4.29）。

① 表土剥离、临时堆放、防护措施的完善程度；

② 施工场地临时排水设施的完善程度；

③ 水土保持工程的完善程度；

④ 土地复垦工程的完善程度；

表 4.29　水保措施类完善程度评判分级标准

评价等级	差	较差	一般	较好	好
评分	1	2	3	4	5

（9）安全舒适。

① 安全舒适主要用线路病害率、沿线防护程度以及旅行环境舒适度来表示，分级标准采用专家打分法，见表 4.30、表 4.31。

表 4.30　线路病害率评判分级标准

评价等级	差	较差	一般	较好	好
评分	1	2	3	4	5

表 4.31　沿线防护程度评判分级标准

评价等级	差	较差	一般	较好	好
评分	1	2	3	4	5

② 旅行环境舒适度主要使用调查统计的方法来进行分级，采用满意百分比来表示，见表 4.32。

表 4.32　旅行环境舒适度评判分级

评价等级	差	较差	一般	较好	好
百分比/%	<30	30～55	55～75	75～90	>90

（10）绿化。

绿化主要用铁路沿线绿化率来表示。

铁路沿线绿化率=铁路沿线已绿化里程/铁路沿线可绿化里程。

① 铁路沿线绿化率主要参照国际和国内平均水平来进行分级（我国铁路全线绿化率平均水平约为 45%，在德国，普遍认为达到 30% 即为合格），见表 4.33。

表 4.33　铁路沿线绿化率评判分级

评价等级	差	较差	一般	较好	好
百分比/%	<20	20～30	30～45	45～70	>70

② 站、段、所（广场）绿化率，参照《铁路旅客车站建筑设计规范》（GB 50226—2007）4.0.7 条，以"车站广场绿化率不宜小于 10%"为基本起点（即"一般"等级），见表 4.34。

表 4.34　站、段、所绿化率评判分级

评价等级	差	较差	一般	较好	好
百分比/%	<5	5～10	10～15	15～20	>20

4.3 绿色铁路评价的评价方法体系

绿色铁路的评价就是要对铁路设计、施工及运营阶段的"绿色度"进行科学、客观的分析与评价。绿色铁路的评价是一个多因素、多层次、指标判别具有模糊性的综合评价问题，其具有多阶段性。本研究结合实例采用自顶向下的多级层次分析，构建绿色铁路的综合评价指标体系和评价模型，应用层次分析法和线性加权法计算最终综合得分，从而为铁路设计人员、施工单位和运营管理部门提供一个绿色铁路评价的理论和实践依据。

4.3.1 绿色铁路评价流程图

绿色铁路的评价步骤如图 4.7 所示。

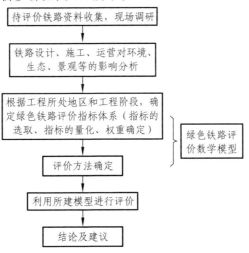

图 4.7 绿色铁路评价流程图

4.3.2 绿色铁路评价概念模型

不同地区的生态环境、地质环境、景观环境、环境污染特征存在差异，因此不同地区的铁路建设对环境、生态、景观和地质环境等的影响也不同。此外，在不同的工程阶段，如规划阶段、设计阶段、施工阶段、运营阶段，铁路建设对环境、生态、景观和地质环境等的影响重点不同，影响程度也有差异。因此，在进行绿色铁路评价时，针对工程所处的不同地区、不同阶段，评价指标体系不同，指标权重也各有侧重。

4.3.2.1　不同工程阶段绿色铁路评价概念模型

（1）规划阶段。

规划阶段绿色铁路评价重点考虑综合经济、社会发展和生态、环境等方面的因素。在新线建设规划时，应考虑沿线地区的城镇规划、土地利用总体规划、环境功能区划、生态环境保护规划、自然资源保护规划、能源指导性专项规划以及其他交通运输方式规划，铁路站场的设置要处理好铁路建设与所在城市总体规划的关系。经过旅游资源丰富地区时，还应考虑铁路建设与当地旅游发展规划的关系。

在确定了评价指标体系后，可以对多个方案进行同等深度的评价。运用同样的评价方法，求出环境最优方案。所谓的环境最优方案，是指引发的环境问题最少、影响最小的方案或虽然环境问题多、影响大，但在采取了多项环保措施后环境影响最小的方案。在没有比较方案时，以不上该规划的情况作为比较方案零方案，运用前后对比分析法等，对规划方案和零方案进行评价和比较，以提出规划方案的改进意见。

（2）设计阶段。

对工程无法绕避的保护区或人文景观采取与自然保护区、景观风貌相协调的保护措施；优化工程用地、尽量少占农田；优先采用清洁生产工艺和技术；做好高填方地段的路桥方案和深开挖地段的隧道/深路堑方案比选，体现、贯彻地质选线和环境选线的思想。设计阶段绿色铁路评价重点考虑取土场、弃土/渣场的合理优化设计、边坡绿化设计、隧道洞口景观设计、车站景观设计以及噪声防治设计等。

（3）施工阶段。

施工阶段绿色铁路评价重点考虑生态破坏、诱发地质灾害情况、景观影响、环境污染等因素，相应的指标包括：水土流失、植被破坏、对动物的影响、诱发地质灾害数量及规模、景观斑块、施工噪声与振动、水污染、大气污染、固体废物污染等。

（4）运营阶段。

运营阶段绿色铁路评价重点考虑节能降耗、安全舒适、环境污染、地质灾害发生情况、清洁能源利用程度等因素，相应的指标包括：运输能耗、线路地质病害率、运营噪声、水污染、大气污染（内燃机车）或电磁污染（电力机车）、固体废物污染、清洁能源利用率等。

4.3.2.2 不同地区绿色铁路评价概念模型

（1）高原地区。

高原地区生态环境极其脆弱，人烟稀少甚至是无人区，环境污染程度很低甚至没有污染，风能、太阳能等清洁能源资源丰富。因此，高原地区绿色铁路评价重点考虑生态破坏、环境污染、清洁能源利用程度等因素，相应的指标包括：水土流失、植被破坏、对动物的影响、大气污染、水污染、固体废物污染以及清洁能源利用率等。在铁路经过的城镇或自然保护区地段也应考虑噪声影响。

在高原地区绿色铁路评价模型中，生态破坏、环境污染因素的权重较大。

（2）西部山区。

西部山区地质环境、生态环境都比较脆弱，山地地质灾害发生比较频繁，生态环境破坏（尤其是水土流失）比较严重，人口密度一般较小。因此，西部山区绿色铁路评价重点考虑地质灾害、生态破坏等因素，相应的指标包括：地质灾害严重程度、水土流失、植被破坏、对动物的影响。由于西部山区一般处于大江大河的上中游，因此，水污染也是应考虑的比较重要的因素。

在西部山区绿色铁路评价模型中，地质灾害、生态破坏因素的权重较大。

（3）风景名胜区。

风景名胜区生态环境较好、景观质量分数高、环境质量好，而且对生态环境、景观环境以及环境质量的要求也高。因此，风景名胜区绿色铁路评价重点考虑生态破坏、景观影响、环境污染等因素，相应的指标包括：水土流失、植被破坏，景观协调性（景观综合评价指数）、水污染、大气污染、噪声污染以及固体废物污染等。

在风景名胜区绿色铁路评价模型中，生态破坏、景观影响、环境污染因素的权重较大。

（4）东部经济发达、人口稠密区。

东部地区经济发达、人口稠密，环境污染较严重。因此，东部经济发达、人口稠密区绿色铁路评价重点考虑环境污染、生态破坏等因素，相应的指标包括：噪声污染、水污染、固体废物污染、大气污染、水土流失、植被破坏等。

在东部经济发达、人口稠密区绿色铁路评价模型中，环境污染、生态破坏因素的权重较大。

4.3.3 指标量化与权重确定

绿色铁路评价中，指标能全面综合反映高速铁路在绿色生态评价中各方面的要求，又要能体现绿色铁路的特征、内涵和要素。其筛选过程一般需要遵循系统性、一致性、独立性、可比性、科学性、可操作性、动态性与稳定性相结合的原则。筛选方法通常有：理论分析法、频度法、广义方差极小法、极大不相关法、最小均方差法、主成分分析法、德尔菲法（专家咨询法）等。

4.3.3.1　线性指标量化

由于绿色铁路指标的类型、量纲、数量级、数据分布形式等方面有较大的区别，文献中对常用线性无量纲化方法量化后在单调性、差异比不变性、平移无关性、缩放无关性、区间稳定性、总量恒定性等进行了比较，得出了标准化处理方法、极值处理法和功效系数法在众多方法中具有较优良的性质。但在实际操作中还是应根据所观测到的数据分布等不同条件选择适合的方法，以下为一组线性指标的量化公式：

成本型与效益型：

$$x^* = \frac{x-m}{M-m} \times c + d \tag{4.1}$$

$$x^* = \frac{M-x}{M-m} \times c + d \tag{4.2}$$

在式（4.1）、（4.2）中，m 为不允许值；M 为满意值；c 为放大（缩小）系数；d 为偏移量。通常 c 取 0.4，d 取 0.6。

居中型：

$$x^* = \begin{cases} 1 - \dfrac{q-x}{\max\{q-m, M-q\}} & (x < q) \\ 1 & (x = q) \\ 1 - \dfrac{x-q}{\max\{q-m, M-q\}} & (x > q) \end{cases} \tag{4.3}$$

区间型：

$$x^* = \begin{cases} 1 - \dfrac{q_1-x}{\max\{q_1-m, M-q_2\}} & (x < q_1) \\ 1 & (x \in [q_1, q_2]) \\ 1 - \dfrac{x-q_2}{\max\{q-m, M-q\}} & (x > q_2) \end{cases} \tag{4.4}$$

偏离型：

$$x^* = \begin{cases} \dfrac{q-x}{\max\{q-m,M-q\}} & (x < q) \\ 0 & (x = q) \\ \dfrac{x-q}{\max\{q-m,M-q\}} & (x > q) \end{cases} \quad (4.5)$$

偏离区间型：

$$x^* = \begin{cases} \dfrac{q_1-x}{\max\{q_1-m,M-q_2\}} & (x < q_1) \\ 0 & (x \in [q_1, q_2]) \\ \dfrac{x-q_2}{\max\{q-m,M-q\}} & (x > q_2) \end{cases} \quad (4.6)$$

式（4.3）～式（4.6）中，q 为固定值；q_1、q_2 为区间上下、界；M、m 分别为取值上、下限。通过式（4.1）～式（4.6）处理后，各种指标均能落入区间[0，1]。

4.3.3.2 非线性指标量化

非线性指标主要分为 0-1 型、折线型、曲线型以及周期波动型 4 种。对于折线型和周期波动型指标的量化可以采取分段函数分别处理，即对于曲线型指标可以根据指标数据特征来选取不同的标准化函数。

升半 Γ 型：

$$x^* = \begin{cases} 0 & (0 \leqslant x < a) \\ 1 - e^{-k(x-a)} & (x > a) \\ k > 0 \end{cases} \quad (4.7)$$

升半正态型：

$$x^* = \begin{cases} 0 & (0 \leqslant x < a) \\ 1 - e^{-k(x-a)^2} & (x > a) \\ k > 0 \end{cases} \quad (4.8)$$

升半柯西型：

$$x^* = \begin{cases} 0 & (0 \leqslant x < a) \\ \dfrac{k(x-a)^2}{1+k(x-a)^2} & (x > a) \\ k > 0 \end{cases} \quad (4.9)$$

升半凹凸型：

$$x^* = \begin{cases} 0 & (0 \leqslant x < a) \\ a(x-a)^k & \left(a \leqslant x \leqslant a + a^{-\frac{1}{k}}\right) \\ 1 & \left(x \geqslant a + a^{-\frac{1}{k}}\right) \end{cases} \tag{4.10}$$

升半岭型：

$$x^* = \begin{cases} 0 & (0 \leqslant x < a) \\ \dfrac{1}{2} - \dfrac{1}{2}\sin\dfrac{\pi}{b-a}\left(x - \dfrac{a+b}{2}\right) & \left(a \leqslant x \leqslant a + a^{-\frac{1}{k}}\right) \\ 1 & \left(x > a + a^{-\frac{1}{k}}\right) \end{cases} \tag{4.11}$$

0-1 型：

$$x^* = \begin{cases} 0 & (x < q) \\ 1 & (x \geqslant q) \end{cases} \tag{4.12}$$

$$x^* = \begin{cases} 1 & (x \leqslant q) \\ 0 & (x > q) \end{cases} \tag{4.13}$$

4.3.3.3　定性指标量化

定性指标的量化一般需要一定的专业背景，专家法和隶属度法使用较多，德尔菲法（Delphi Method）是在 20 世纪 40 年代由 O. 赫尔姆和 N. 达尔克首创，经过 T. J. 戈尔登和兰德公司进一步发展而成的。德尔菲这一名称起源于古希腊有关太阳神阿波罗的神话。传说中阿波罗具有预见未来的能力，因此，这种预测方法被命名为德尔菲法。1946 年，兰德公司首次用这种方法进行预测，后来该方法被迅速广泛采用。

（1）德尔菲法。

德尔菲法依据系统的程序，采用匿名发表意见的方式，即专家之间不得互相讨论，不发生横向联系，只能与调查人员发生关系。通过多轮次调查专家对问卷所提问题的看法，经过反复征询、归纳、修改，最后汇总成专家基本一致的看法，作为预测的结果。这种方法具有广泛的代表性，较为可靠。

德尔菲法是预测活动中的一项重要工具，在实际应用中通常可以划分三个类型：经典型德尔菲法（Classical）、策略型德尔菲法（Policy）和决策型德尔菲法（Decision）。德尔菲（Delphi）的一般步骤如下：

① 由工作小组确定问题的内容，并设计一系列征询解决问题意见的调查表。

② 将调查表寄给专家，请他们提供解决问题的意见和思路，专家间不沟通，相互保密。

③ 专家开始填写自己的意见和想法，并把它寄回给工作小组。

④ 处理这一轮征询的意见，找出共同点和各种意见的统计分析情况；将统计结果再次返还专家，专家结合他人意见和想法，修改自己的意见并说明原因。

⑤ 将修改过的意见进行综合处理再寄给专家，这样反复几次，直到获得满意答案。

除上述两种方法外常见的还有异地思考法、思路转换法等方法，本书将不做一一概述。

（2）影响德尔菲法评价准确性的因素。

① 年龄。

韦伯的一项研究显示，年龄影响决策。一般来讲，年龄低的组使用群体决策效果好；随着年龄的增长，群体决策与优秀选择的差距加大。

② 人群规模。

通常认为 5~11 人能得到比较正确的结论；2~5 人能得到相对一致的意见；人数再多可能双方的意见差距就会显现出来。一些有关群体规模与决策关系的研究得到了有益的结论：5~11 人最有效，能得出较正确的结论；2~5 人，能得到一致意见；规模大的群体意见可能增加，但与人数不成正比增长，这可能是产生相关的小群体造成的；4~5 人的群体易感满意；若以意见一致为重点，2~5 人合适；若以质量一致为重点，5~11 人合适。

③ 程序。

决策过程中采取什么样的程序都影响决策的效果。

④ 人际关系。

团队成员彼此间过去是否存在成见、偏见，或相互干扰的人际因素，也会影响到群体决策的效果。

综上所述，在实际操作中方法的选择和对抗拒或干扰因素的回避和调整都要视实际情况来改变。

4.3.4 权重的确定方法

在指标体系确定后，还需要考虑各评价指标在整个指标体系中的地位和作用，即各评价指标对评价结果贡献的大小或影响程度，以确定各指标的权重。权重的确定也是整个评价系统的核心之一。指标权重的确定方法大体上可分为主观赋权法和客观赋权法两大类。主观赋权法往往没有统一的客观标准，它是研究者根据其主观判断来确定各个指标权数的一种方法，主要有专家评判法、Delphi 法和 Satty 层次分析法等。客观赋权法是直接根据指标的原始信息，通过数学方法或统计方法处理后获得权数的一种方法。常用的方法主要有主成分分析法、因子分析法、相关法、层次分析法、环比法、回归法、二项系数法、熵测度法等。比较有代表性的且应用较多、较成功的主要有 AHP 和 Delphi 法。主观法容易受到判断者教育背景、个人偏好的影响，而客观判断得出的结果往往与实际期望值相差甚远，有时可能还会出现相悖的情况。评价参与者往往都是相关领域具有丰富经验的专家，但是专家看待事物的角度不同，自身偏好问题也需要考虑。因此，我们在评价时采取组合方法来体现这种偏好又克服过于主观的缺点。

其计算步骤如下：

（1）将判断矩阵每一列归一化：

$$b_{ij} = \frac{b_{ij}}{\sum_{k=1}^{n} b_{ij}} \quad (i, j = 1, 2, \cdots, n) \tag{4.14}$$

（2）对按列归一化的判断矩阵，再按行求和：

$$\overline{W_i} = \sum_{j=1}^{n} b_{ij} \quad (i = 1, 2, \cdots, n) \tag{4.15}$$

（3）将向量 $\overline{\boldsymbol{W}} = \left[\overline{W_1}, \overline{W_2}, \cdots, \overline{W_n}\right]^{\mathrm{T}}$ 归一化：

$$\overline{W_i} = \frac{\overline{W_i}}{\sum_{j=1}^{n} \overline{W_j}} \quad (i = 1, 2, \cdots, n) \tag{4.16}$$

则 $\boldsymbol{W} = [W_1, W_2, \cdots, W_n]^{\mathrm{T}}$ 即为所求权重向量。

（4）不同专家对不同指标的重要性进行两两比较，构造两两比较的判断矩阵 $\boldsymbol{A}_i$，并利用归一化得权重向量：

$$\boldsymbol{w}^k = (w_1^k, w_2^k, \cdots, w_n^k)^{\mathrm{T}} \tag{4.17}$$

（5）两两专家评判结果之间的一致性程度采用向量夹角余弦来定义：

$$\cos \theta_{ij} = \frac{\overline{\boldsymbol{D}}^i \cdot \overline{\boldsymbol{D}}^j}{\left|\overline{\boldsymbol{D}}^i\right| \cdot \left|\overline{\boldsymbol{D}}^j\right|} \tag{4.18}$$

（6）将 m 个专家分成 n 类，聚类后第 k 类中包含有 φ_k 个专家，那么得到该类的置信因子为 S_k：

$$S_k = \frac{\varphi_k}{n} \tag{4.19}$$

（7）设第 i 个专家权重为 W_i，则专家权重 W_i 与专家所在类的置信因子成正比

$$W_i = \frac{\varphi_i}{\sum_{q=1}^{m} \varphi_q^2} \tag{4.20}$$

（8）融合专家权重与指标权重：

$$w_i^* = \frac{1}{m} \sum_{k=1}^{m} W_i \bullet w_i^k \tag{4.21}$$

4.3.5 绿色铁路评价方法的确定

考虑到铁路建设和运营的特点，采用多层次模糊综合评判模型作为绿色铁路评价方法，具体步骤如下：

（1）对评判因素集合 U，按某个属性 c，将其划分成 m 个子集，使它们满足：

$$\begin{cases} \sum_{i=1}^{m} U_i = U \\ U_i \bigcap U_j = \varnothing \quad (i \neq j) \end{cases} \tag{4.22}$$

得到了第二级评判因素集合：

$$U / c = \{U_1, U_2, \cdots, U_m\} \tag{4.23}$$

在式（4.23）中，$U_i = \{U_{ik}\}$（$i = 1, 2, \cdots, m$；$k = 1, 2, \cdots, nk$）表示子集 U_i 中含有 nk 个评判因素。

（2）对于每一个子集 U_i 中的 nk 个评判因素，按单层次模糊综合评判模型进行评价，假设 U_i 中各因子权重为 A_i，评价决策矩阵为 R_i，则容易得到第 i 个子集 U_i 的综合评价结果，假设为 B_i'：

$$B_i' = A_i \bigcirc B_i = \begin{bmatrix} b_{i1} \cdots b_{in} \end{bmatrix} \tag{4.24}$$

（3）对 U / c 中的 m 个评判因素子集 U_i（$i = 1, 2, \cdots, m$），进行综合评判，评判决策矩阵为

$$R' = \begin{pmatrix} B_i \\ \vdots \\ B_m \end{pmatrix} = \begin{pmatrix} b_{11} & \cdots & b_{1n} \\ \vdots & & \vdots \\ b_{m1} & \cdots & b_{mn} \end{pmatrix} \tag{4.25}$$

假设 U/c 中各判断因子的权重为 A'，即可得到评价结果：

$$B' = A' \circ R' \tag{4.26}$$

式（4.26）中，B' 既是 U/c 的综合评价结果，也是在 U 中所有评价因子的综合评价结果。若 U/c 中仍含有很多因素，则可以对它再进行划分，得到三级以上更多层次的模糊综合评价模型。

综合评价结果用铁路绿色指数（Railway Green Index，RGI）表示。铁路绿色指数是衡量高速铁路在设计、施工、运营、管理过程中对环境保护、资源利用、经济、社会等方面的影响进行综合评估。它以一条铁路线或者路段为研究对象，可以识别影响铁路绿色指数的社会、经济、环境等方面的因素。

5 绿色铁路评价理论的应用

绿色铁路概念的提出、绿色铁路理论的建立、绿色铁路评价的展开，使我们对这一可持续发展铁路的理念有了一个全面的认识，而这一理念应用的关键是评价一条铁路是不是达到绿色铁路的标准。现在我们以风景区铁路（大丽铁路）、高原区铁路（青藏铁路）、平原区高速铁路（京沪高速铁路）为例，分析阐述这一评价理论的应用。

5.1 大（理）丽（江）绿色铁路的评价

5.1.1 大（理）丽（江）铁路概况

大（理）丽（江）铁路南起广大铁路大理东站出站端，北进于洪家村附近设丽江站，新建线路全长约 166.6 km。本线设计速度 120 km/h，桥涵比 11%，隧道比 42.6%；初、近期货物列车牵引质量为 1 450 t，编挂辆数 18 辆；远期货物列车牵引质量为 2 600 t，编挂辆数 32 辆。

大（理）丽（江）线路位于云贵高原西部与横断山脉交接地区，地势西高东低、北高南低，主要山脉和水系多呈南北向展布，地形起伏剧烈，高差悬殊，山间分布大小不等的山间盆地和湖泊。沿线区域土地利用以林地、荒地、耕地、水域等为主，耕地集中分布于平坝地带。大（理）丽（江）线路在大理白族自治州（以下简称"大理州"）境内水土流失较为严重，流失面积占沿线地区面积的比例较大，水土流失类型以水力侵蚀为主。

沿线森林面积大，森林覆盖率达 21.4% ~ 48.6%，但森林分布不均匀。沿线在大理州境内水土流失较为严重，流失面积占沿线地区面积的比例达 34% ~ 50%。沿线农村人均耕地面积仅 0.8 ~ 2.9 亩/人，农村有大量的剩余劳动力。

大（理）丽（江）线所经过的主要地区为大理和丽江，其中大理自古为滇西重镇，是全国首批 24 个历史文化名城之一、国家级重点风景名胜区和自然保护区，辖 1 市 11 县，土地总面积 2.9×10^4 km^2，2000 年总人口 3.289×10^6 人，全州国民生产总值为 $1.34×10^{10}$ 元，人均国民收入为 4 098 元，旅游总收入 $2.2×10^9$ 元。根据"十五"规划，大理市国内生产总值年均增长在8%以上，一、二、三产业产值结构调整为 29∶30∶41。丽江地区土地总面积 $2.06×10^4$ km^2，2000 年总人口 $1.1×10^6$ 人，全区国民生产总值为 $2.88×10^9$ 元，人均国民收入为 2 618 元。"十五"期间丽江地区国内生产总值年均增长率在8.5%以上，2005 年达 $4.64×10^9$ 元，人均国民收入 3 932 元，一、二、三产业产值调整为 24∶26∶50，城镇化水平从 14.2%发展到 20%。

5.1.2　大（理）丽（江）绿色铁路评价指标体系的确定

5.1.2.1　基于绿色铁路评价指标体系的铁路状况分析

大（理）丽（江）线属于我国西南山区铁路。我国西南地区包括四省区一市：四川、贵州、云南、西藏和重庆。西南地区是我国矿产、水电、农牧等资源及原材料的主要集中地，但由于自然环境及历史等原因，西南经济发展同比严重滞后，特别是改革开放以后，东西部地区经济发展的差距越来越大，西南地区的经济发达程度和居民的富裕程度远远落后于东部地区。在这个区域内，经济发展水平低下、产业组织结构初级、消费水平低下、城市相对贫困等问题严重，由此决定了其区域内金融机构组织初级化，资金吸纳能力低下，区内资本形成不足。为此在西部大开发中要针对西南地区经济金融的区域性特征相应地制定并调整西南地区开发政策，以崭新的思路策划并实施新的发展战略。

（1）地势高低起伏悬殊。

西南山地位于我国地势三级大阶梯中由二级向一级阶梯陡起的大转折区，跨越我国青藏高原、云贵高原、横断山脉、秦巴山地等四大地貌区。强烈的地势起伏是该区域自然景观和气候条件都具有垂直分布的主要原因；同时，在重力梯度和水力梯度等的作用下，该区域也是大面积水土流失的多发区。

（2）地貌类型复杂多样。

特殊的地理区位和地质构造环境形成了非常独特的地质地貌景观，这里是我国西南地区地质、地形、地貌的分界线，从平原到极高山的各种地貌都可以找到，更点缀着无数的石峰、残丘、溶洞、暗河、峡谷等典型的喀斯特地貌，类型十分丰富。

（3）气候类型复杂多变。

西南山地尤其是高海拔地区（平均海拔>1 500 m），气候有两个突出的特点：① 日照充沛。例如川西北山地地区的阿坝、甘孜藏族自治州等地区，年日照时数 2 000 小时以上，整个西南高海拔山区年太阳日平均大于 300 天。② 昼夜温差大。平均海拔 1 500 m 以上的山区午间直射温度为 35 ~ 45 ℃，夜晚则可能降至零度以下。

（4）动植物物种资源丰富。

复杂的地理和气候条件造就了西南山地独特的生物多样性。该地区复杂的地形与有利的湿润条件的独特结合，致使其生物多样性极其丰富，拥有大量的特有动植物物种，是世界上温带区域植物物种最丰富的地区。西南山地地区的野生动物物种同样非常丰富，记录在案的有 300 多种哺乳动物和 686 种鸟类。中国 87 个濒危陆生哺乳动物物种本地区拥有 36 个，是我国乃至世界范围内重要的动植物基因库。

（5）生态系统复杂，环境敏感度高。

西南地区山地生态系统组成成分多，各成分之间关系复杂，自我调节能力很低，在自然力和人为干扰下极易发生变化，与平原、丘陵、高原、盆地等类型的生态系统相比更加脆弱。任何过度和不合理的开发利用都会引起山区生态系统的衰退甚至崩溃，景观遭到破坏，动植物乃至人类自身的生存空间都会受到威胁。

由于历史的原因，我国铁路路网分布很不均衡。东北、华北、中南及华东地区密度较高，分别为全国路网密度的 1.6 ~ 2.8 倍，而西北、西南地区每百平方公里仅有铁路 0.22 km 和 0.26 km，还不到全国路网密度的一半。特别是西南五省区（四川、云南、贵州、广西、西藏），拥有国土面积 260 万 km²，约占全国面积的 27%，而铁路运营里程仅占全国铁路运营里程的 14% 左右。新中国成立以来陆续修建了成渝、宝成、成昆、襄渝、达成、南昆等干线，但由于西南地区铁路起点低、基础差、技术标准低、运营设备落后，运输能力严重不足，从而限制了该地区的经济发展和运输的需要。西南地区北通道目前仅有宝成线和襄渝线两条单线，两条线虽已电气化，但其运输能力有限，不能满足本通道的运输需要。西南地区南通路现有川黔、黔桂、枝柳、黎湛等线，由于线路坡度大、技术标准低、运输能力小，早已不能满足客货运增长的需要。

5.1.2.2　绿色铁路指标体系权重确定

根据权重的计算方法，利用改进的层次分析法（AHP）构建的综合评价判断矩阵，计算西南山区铁路大（理）丽（江）线的绿色铁路指标体系权重值，如表 5.1 ~ 表 5.12 所示。聘请数名专家进行层次分析法两两比较评判，综合整理他们的意见得出层次分析法的基础数据。计算所得出的 λ_{max} 值、CI 值和 CR 值列于表格下方，特征根 W 列于表格的最右列。

表 5.1　铁路子系统指标判断矩阵

铁路子系统	D_1	D_2	D_3	D_4	D_5	D_6	D_7	D_8	D_9	D_{10}	W
D_1 列车旅行车速	1	11/9	11/9	11/9	12/8	12/8	12/8	14/6	12/8	12/8	0.139 7
D_2 行车密度	9/11	1	1	1	11/9	11/9	1	12/8	1	1	0.104 8
D_3 客运周转量	9/11	1	1	1	11/9	11/9	11/9	11/9	1	1	0.104 8
D_4 货运周转量	9/11	1	1	1	11/9	11/9	12/8	11/9	1	11/9	0.109 1
D_5 电气化程度	8/12	9/11	9/11	9/11	1	1	1	12/8	1	1	0.092 9
D_6 机车密闭程度	8/12	9/11	9/11	9/11	1	1	1	11/9	1	9/11	0.089 2
D_7 环保投入比率	8/12	1	9/11	8/12	1	1	1	12/8	9/11	1	0.091 0
D_8 人口迁移量	6/14	8/12	9/11	9/11	8/12	9/11	8/12	1	8/12	9/11	0.071 1
D_9 工程环境效益	8/12	1	1	1	1	1	11/9	12/8	1	11/9	0.102 7
D_{10} 经济土地比例	8/12	1	1	9/11	1	11/9	1	11/9	9/11	1	0.094 7

$\lambda_{\max}$=10.039 9，CI= 0.004 4，RI=1.49，CR= 0.003 0<0.1。

表 5.2　社会子系统指标判断矩阵

社会子系统	D_{11}	D_{12}	D_{13}	D_{14}	D_{15}	W
D_{11} 公众参与程度	1	6/14	12/8	14/6	12/8	0.209 9
D_{12} 社会恩格尔系数	14/6	1	14/6	16/4	14/6	0.391 6
D_{13} 交通法规安全常识普及率	8/12	6/14	1	12/8	1	0.150 7
D_{14} 高中以上学生在校人数	6/14	4/16	8/12	1	8/12	0.097 1
D_{15} 就业指数/失业率	8/12	6/14	1	12/8	1	0.150 7

$\lambda_{\max}$=5.018 5，CI= 0.004 6，RI=1.12，CR= 0.004 1 <0.1。

表 5.3　经济子系统指标判断矩阵

经济子系统	D_{16}	D_{17}	D_{18}	D_{19}	D_{20}	W
D_{16} 人均 GDP 增长率	1	11/9	1	12/8	12/8	0.240 6
D_{17} 第三产业比重	9/11	1	8/12	1	1	0.174 1
D_{18} 居民人均收入增长率	1	12/8	1	12/8	12/8	0.250 7
D_{19} 基尼指数	8/12	1	8/12	1	11/9	0.174 0
D_{20} 地区竞争力指数	8/12	1	8/12	9/11	1	0.160 6

$\lambda_{\max}$=5.00 99，CI= 0.002 5，RI=1.12，CR= 0.002 2 <0.1

表 5.4　资源子系统指标判断矩阵

资源子系统	D_{21}	D_{22}	D_{23}	D_{24}	W
D_{21} 能源结构	1	9/11	12/8	14/6	0.307 1
D_{22} 森林覆盖率	11/9	1	12/8	13/7	0.320 6
D_{23} 人均耕地	8/12	9/11	1	12/8	0.224 5
D_{24} 人均水资源	7/13	6/14	8/12	1	0.147 8

$\lambda_{max}=4.070\ 0$，$CI=0.023\ 3$，$RI=0.9$，$CR=0.025\ 9<0.1$。

表 5.5　环境子系统生态指标群判断矩阵

生态指标群	D_{25}	D_{26}	D_{27}	D_{28}	D_{29}	W
D_{25} 生态敏感点的避让	1	12/8	12/8	16/4	14/6	0.331 3
D_{26} 生态敏感点的临近度	8/12	1	9/11	14/6	12/8	0.205 1
D_{27} 生态补偿率	8/12	11/9	1	15/5	13/7	0.243 9
D_{28} 动物通道	4/16	6/14	5/15	1	8/12	0.085 3
D_{29} 物种多样性指数	6/14	8/12	7/13	12/8	1	0.134 4

$\lambda_{max}=5.005\ 3$，$CI=0.001\ 3$，$RI=1.12$，$CR=0.001\ 2<0.1$。

表 5.6　环境子系统水土流失指标群判断矩阵

水土流失指标群	D_{30}	D_{31}	D_{32}	D_{33}	D_{34}	D_{35}	D_{36}	W
D_{30} 弃土渣场合理率	1	12/8	1	12/8	13/7	11/9	11/9	0.181 6
D_{31} 土壤流失控制比	8/12	1	8/12	1	1	9/11	9/11	0.117 6
D_{32} 拦渣率	1	12/8	1	12/8	12/8	11/9	1	0.171 2
D_{33} 扰动土地治理程度	8/12	1	8/12	1	11/9	8/12	8/12	0.114 1
D_{34} 水土流失治理程度	7/13	1	8/12	9/11	1	7/13	8/12	0.101 4
D_{35} 植被恢复系数	9/11	11/9	9/11	12/8	13/7	1	1	0.157 3
D_{36} 沿线林草覆盖率	9/11	11/9	1	12/8	12/8	1	1	0.157 0

$\lambda_{max}=7.020\ 7$，$CI=0.003\ 5$，$RI=1.32$，$CR=0.002\ 6<0.1$。

表 5.7　环境子系统噪声电磁指标群判断矩阵

噪声电磁指标群	D_{37}	D_{38}	D_{39}	D_{40}	W
D_{37} 等效声级	1	14/6	8/12	16/4	0.298 4
D_{38} 敏感点声屏障防护及设置率	6/14	1	4/16	12/8	0.119 6
D_{39} 干线两侧达标率	12/8	16/4	1	18/2	0.512 2
D_{40} 电磁感知度	4/16	8/12	2/18	1	0.069 7

$\lambda_{max}=4.022\ 8$，$CI=0.007\ 6$，$RI=0.9$，$CR=0.008\ 5<0.1$。

表 5.8　　环境子系统三废指标群判断矩阵

三废指标群	D_{41}	D_{42}	D_{43}	D_{44}	W
D_{41} 污水排放达标率	1	8/12	12/8	14/6	0.274 9
D_{42} 垃圾无害化处理率	12/8	1	14/6	16/4	0.430 2
D_{43} 废气污染指数	8/12	6/14	1	12/8	0.179 9
D_{44} 扬尘控制	6/14	4/16	8/12	1	0.115 0

$\lambda_{\max}= 4.002\ 4$，$CI= 0.000\ 8$，$RI=0.9$，$CR= 0.000\ 9<0.1$。

表 5.9　　环境子系统地质灾害指标群判断矩阵

地质灾害指标群	D_{45}	D_{46}	D_{47}	D_{48}	W
D_{45} 地质灾害发生率	1	8/12	2/18	6/14	0.087 3
D_{46} 线路病害率	12/8	1	6/14	8/12	0.167 3
D_{47} 通过灾害地段数量	18/2	14/6	1	12/8	0.489 9
D_{48} 沿线地质灾害防护治理率	14/6	12/8	8/12	1	0.255 6

$\lambda_{\max}= 4.113\ 0$，$CI= 0.037\ 7$，$RI=0.9$，$CR= 0.041\ 8<0.1$。

表 5.10　　环境子系统人文景观指标群判断矩阵

人文景观指标群	D_{49}	D_{50}	D_{51}	W
D_{49} 景观协调度	1	8/12	9/11	0.2687
D_{50} 工程景观恢复率	12/8	1	11/9	0.402 5
D_{51} 对风景名胜人文景观的避让程度	11/9	9/11	1	0.328 8

$\lambda_{\max}= 3$，$CI=0$，$RI=0.58$，$CR=0<0.1$。

表 5.11　　环境子系统指标判断矩阵

环境子系统	C_1	C_2	C_3	C_4	C_5	C_6	W
C_1 生态	1	8/12	11/9	1	9/11	12/8	0.163 4
C_2 水土流失	12/8	1	12/8	12/8	1	12/8	0.214 1
C_3 噪声电磁	9/11	8/12	1	9/11	8/12	11/9	0.138 1
C_4 三废	1	8/12	11/9	1	8/12	11/9	0.152 6
C_5 地质灾害	11/9	1	12/8	12/8	1	12/8	0.207 0
C_6 人文景观	8/12	8/12	9/11	9/11	8/12	1	0.124 8

$\lambda_{\max}= 6.018\ 2$，$CI= 0.003\ 6$，$RI=1.24$，$CR= 0.002\ 9<0.1$。

表 5.12　绿色铁路系统指标判断矩阵

绿色铁路	B_1	B_2	B_3	B_4	B_5	W
B_1 铁路	1	12/8	12/8	12/8	8/12	0.226 5
B_2 社会	8/12	1	1	1	7/13	0.156 9
B_3 经济	8/12	1	1	1	7/13	0.156 9
B_4 资源	8/12	1	1	1	7/13	0.156 9
B_5 环境	12/8	13/7	13/7	13/7	1	0.302 8

$\lambda_{max} = 5.004\ 4$，$CI = 0.001\ 1$，$RI = 1.12$，$CR = 0.001\ 0 < 0$。

表 5.13　绿色铁路指标体系权重确定

目标	指标层	一级权重	二级指标层	二级权重	次权重	三级指标层	三级权重	总权重
绿色铁路指标体系	铁路 B_1	0.226 5			0.226 5	D_1 列车旅行车速/（km/h）	0.139 7	0.031 6
						D_2 行车密度/（对车/d）	0.104 8	0.023 7
						D_3 单位里程旅客周转量 /[（10^6 人公里/（km·a）]	0.104 8	0.023 7
						D_4 单位里程货物周转量 /[（10^6 吨公里）/（km·a）]	0.109 1	0.024 7
						D_5 电气化程度/%	0.092 9	0.021 0
						D_6 机车密闭程度	0.089 2	0.020 2
						D_7 环保投入占项目总投资比率/%	0.091 0	0.020 6
						D_8 人口迁移量/（人/km）	0.071 1	0.016 1
						D_9 铁路工程环境效益收益率/%	0.102 7	0.023 3
						D_{10} 经济土地占用比例/%	0.094 7	0.021 4
	社会 B_2	0.156 9			0.156 9	D_{11} 公众参与程度	0.209 9	0.032 9
						D_{12} 社会恩格尔系数	0.391 6	0.061 4
						D_{13} 交通法规和安全常识普及率/%	0.150 7	0.023 6
						D_{14} 高中在校学生人口比重/（人/万人）	0.097 1	0.015 2
						D_{15} 失业率/%	0.150 7	0.023 6

续表 5.13

目标	指标层	一级权重	二级指标层	二级权重	次权重	三级指标层	三级权重	总权重
绿色铁路指标体系	经济 B_3	0.156 9			0.156 9	D_{16} 人均 GDP 增长率/%	0.240 6	0.037 8
						D_{17} 第三产业占 GDP 比重/%	0.174 1	0.027 3
						D_{18} 居民人均收入增长率/%	0.250 7	0.039 3
						D_{19} 基尼指数	0.174 0	0.027 3
						D_{20} 地区竞争力指数	0.160 6	0.025 2
	资源 B_4	0.156 9			0.156 9	D_{21} 清洁能源利用率（%）和能源结构	0.307 1	0.048 2
						D_{22} 森林覆盖率/%	0.320 6	0.050 3
						D_{23} 人均耕地/（ha/人）	0.224 5	0.035 2
						D_{24} 人均水资源/（m³/人）	0.147 8	0.023 2
	环境 B_5	0.302 8	生态 C_{51}	0.163 4	0.049 5	D_{25}（设计）生态敏感点的避让	0.331 3	0.016 4
						D_{26} 对生态敏感区的保护程度	0.205 1	0.010 1
						D_{27} 生态补偿率/%	0.243 9	0.012 1
						D_{28} 动物通道设置状况	0.085 3	0.004 2
						D_{29} 物种多样性指数	0.134 4	0.006 6
			水土流失 C_{52}	0.214 1	0.064 8	D_{30}（设计）取土场址/弃渣场址的合理率/%	0.181 6	0.011 8
						D_{31} 土壤流失控制比/%	0.117 6	0.007 6
						D_{32} 拦渣率/%	0.171 2	0.011 1
						D_{33}（运营）扰动土地的治理程度/%	0.114 1	0.007 4
						D_{34}（运营）水土流失治理程度/%	0.101 4	0.006 6
						D_{35}（运营）沿线林草覆盖率/%	0.157 3	0.010 2
						D_{36}（运营）植被恢复系数	0.157 0	0.010 2
			噪声电磁 C_{53}	0.138 1	0.041 8	D_{37} 等效声级/振动级（昼/夜）/dB	0.298 4	0.012 5
						D_{38} 环境敏感点声屏障方式及设置率/%	0.119 6	0.005 0
						D_{39} 干线两侧达标率/%	0.512 2	0.021 4
						D_{40}（电气化）电磁感知度	0.069 7	0.002 9

续表 5.13

目标	指标层	一级权重	二级指标层	二级权重	次权重	三级指标层	三级权重	总权重
绿色铁路指标体系	环境 B_5	0.302 8	三废 C_{54}	0.152 6	0.046 2	D_{41} 污水排放达标率（工业）/（生活污水）	0.274 9	0.012 7
						D_{42} 垃圾无害化处理率/%	0.430 2	0.019 9
						D_{43} 废气污染指数	0.179 9	0.008 3
						D_{44}（施工）扬尘控制	0.115 0	0.005 3
			地质灾害 C_{55}	0.207 0	0.062 7	D_{45}（设计）通过灾害地段数量/（个/100 km）	0.489 9	0.030 7
						D_{46}（施工）地质灾害发生率/（处/100 km）	0.087 3	0.005 5
						D_{47}（运营）线路病害率/%	0.167 3	0.010 5
						D_{48} 沿线地质灾害防护治理率/%	0.255 6	0.016 0
			人文景观 C_{56}	0.124 8	0.037 8	D_{49} 对风景名胜文物古迹的避让和保护程度	0.268 7	0.010 2
						D_{50} 工程景观恢复率/%	0.402 5	0.015 2
						D_{51} 景观协调度	0.328 8	0.012 4

由表 5.13 可以看出，在铁路、社会、经济、资源和环境 5 个子系统中由于环境子系统的指标较多，总体占的权重最大，为 0.302 8；其次是铁路子系统，为 0.226 5；其他 3 个子系统对绿色铁路系统的贡献率均为 0.156 9。在环境子系统中，水土流失指标群和贡献率为 0.214 1，所占权重最大；其次是地质灾害指标群>生态指标群>三废指标群>噪声电磁指标群，人文景观指标群的贡献率最小。各三级指标的权重大小可以由表 5.13 最右列的数值大小直观地反映出来，在此不再详述。

5.1.3　大（理）丽（江）铁路各阶段对评价指标体系影响的分析

5.1.3.1　大（理）丽（江）铁路设计选线阶段的影响

从大理东、大理接轨及线路走向有以下 3 个方案：

　　① 大理东接轨至梅子涧方案，该方案工程总投资 98 453 万元；

　　② 大理接轨洱海西岸靠公路方案，该方案工程总投资 62 310 万元；

　　③ 大理接轨洱海西岸靠山方案，该方案工程总投资 168 689 万元。

　　具体线路走向见图 5.1。鉴于大理风景名胜区在国内外的知名度、重要性、铁路从苍山洱海之间穿过对风景区的影响性质，对地面、地下文物古迹的影响，与《城市规划法》《风景名胜区管理暂行条例》等法规、条例多有抵触；而采用洱海东线方案对大理苍山洱海国家级风景名胜区、大理国家级历史文化名城、大理苍山洱海国家级自然保护区影响最小。从环境保护角度出发，定线为洱海东线方案。

图 5.1　大理接轨及线路走向方案示意图

5.1.3.2　大（理）丽（江）铁路施工阶段的影响

　　大（理）丽（江）铁路施工期环境影响主要集中在土石方工程产生的生态

环境干扰和破坏方面，其次是施工噪声、扬尘和施工污水排放对局部环境的短暂影响。具体内容包括：

（1）线路邻近苍山洱海国家级自然保护区，洱海为重要的高原湿地，线路穿越苍山洱海国家级风景名胜区；线路邻近玉龙雪山国家级风景名胜区，丽江古城为世界文化遗产；线路所处地区是我国物种资源较为丰富的地区之一。工程建设可能对生物多样性、自然景观和旅游产生一定程度的影响。

（2）工程征地、拆迁将造成征地范围内农作物、植被和农田灌溉设施永久性破坏，对沿线土地资源及相关居民的生活造成一定程度的影响。施工便道、临时设施占用土地也会导致植被破坏。

（3）铁路工程在施工过程中，大量的土石方工程施工产生的弃土、弃渣和地表开挖、填筑形成的裸露边坡而引起的水土流失，这些工点在未采取防护措施时，其水土流失程度可达强度至极强度。

（4）施工、运输机械产生的噪声对施工场地附近地区的居民区、学校声环境造成短暂影响，施工、运输产生的扬尘对大气环境产生影响。

（5）施工营地生产、生活污水、垃圾有可能对营地附近的水体及环境卫生造成局部污染。

（6）工程施工将刺激沿线经济发展，形成局部经济热点，从而可能诱发一些不良环境影响。

工程施工期除对自然保护区、风景区影响，征地、拆迁及大型取弃土场、隧道弃渣场将产生较长期环境影响外，其他环境影响多属暂时性的、可逆的，施工结束后多数受影响的环境要素可得到恢复。大（理）丽（江）铁路工程占用水田 1 292 亩，占用旱地 3 800 亩，占用耕地总面积 5 092 亩，其中水田 1 292 亩为基本农田。主要影响地段在大理红山地段、新屯—仁和地段和丽江坝子地段。铁路工程建设用地，尽量利用沿线的荒地、低产农田，大临工程等临时用地不得占用基本农田，进行铁路绿色通道建设不得占用基本农田，对占用优质农田较大的地方采用桥梁通过。

5.1.3.3　大（理）丽（江）铁路指标体系的数据整理

通过对大（理）丽（江）铁路的资料分析，得出基础数据，如表 5.14 所示。其中专家评判法中为了客观科学，聘请了铁道第二勘察设计院、中国铁道科学研究院和四川省交通勘察设计院共 20 名经验丰富的专家，通过咨询表打分获得大（理）丽（江）铁路 Delphi 评分数据（表 5.14）。

表 5.14　大（理）丽（江）铁路专家评分统计数据表

目标	指标层	二级指标	三级指标层	数据
绿色铁路评价指标体系	铁路 B_1		D_1 列车旅行车速/（km/h）	60
			D_2 行车密度/（对车/d）	16
			D_3 单位里程旅客周转量/[（10^6 人公里/（km·a）]	7.75
			D_4 单位里程货物周转量/[（10^6 吨公里/（km·a）]	7.41
			D_5 电气化程度/%	0
			D_6 机车密闭程度	2
			D_7 环保投入占项目总投资比率/%	5.36%
			D_8 人口迁移量/（人/km）	9
			D_9 铁路工程环境效益收益率/%	47 218 万元/a
			D_{10} 经济土地占用比例/%	59.2%
	社会 B_2		D_{11} 公众参与程度	Delphi
			D_{12} 社会恩格尔系数	0.53
			D_{13} 交通法规和安全常识普及率/%	63.4%
			D_{14} 高中在校学生人口比重/（人/万人）	6.94/255
			D_{15} 失业率/%	3.25
	经济 B_3		D_{16} 人均 GDP 增长率/%	8.76
			D_{17} 第三产业占 GDP 比重/%	43.36
			D_{18} 居民人均收入增长率/%	居 13.17/9.51 农
			D_{19} 基尼指数	0.47
			D_{20} 地区竞争力指数	72.33（平均）
	资源 B_4		D_{21} 清洁能源利用率（%）和能源结构	Delphi
			D_{22} 森林覆盖率/%	40.33（2 000）
			D_{23} 人均耕地/（ha/人）	0.092 公顷
			D_{24} 人均水资源/（m³/人）	5 425.01（平均）
	环境 B_5	生态 C_{51}	D_{25} （设计）生态敏感点的避让	Delphi
			D_{26} 对生态敏感区的保护程度	Delphi

续表 5.14

目标	指标层	二级指标层	三级指标层	数据
绿色铁路评价指标体系	环境 B_5	生态 C_{51}	D_{27} 生态补偿率/%	0
			D_{28} 动物通道设置状况	0
			D_{29} 物种多样性指数	Delphi
		水土流失 C_{52}	D_{30}（设计）取土场址/弃渣场址的合理率/%	98.4
			D_{31} 土壤流失控制比/%	1.01
			D_{32} 拦渣率/%	95
			D_{33}（运营）扰动土地的治理程度/%	85
			D_{34}（运营）水土流失治理程度/%	98.4
			D_{35}（运营）沿线林草覆盖率/%	45.6
			D_{36}（运营）植被恢复系数	35.6
		噪声电磁 C_{53}	D_{37} 等效声级/振动级（昼/夜）/dB	+2.8-3.3/+4.5-6.3
			D_{38} 环境敏感点声屏障防护方式及设置率/%	植绿化林带/80
			D_{39} 干线两侧达标率/%	91.3
			D_{40}（电气化）电磁感知度	0
		三废 C_{54}	D_{41} 污水排放达标率（工业）/（生活污水）	60
			D_{42} 垃圾无害化处理率/%	50
			D_{43} 废气污染指数	100
			D_{44}（施工）扬尘控制	Delphi
		地质灾害 C_{55}	D_{45}（设计）通过灾害地段数量/（个/100 km）	0
			D_{46}（施工）地质灾害发生率/（处/100 km）	0
			D_{47}（运营）线路病害率/%	17.2/32.0
			D_{48} 沿线地质灾害防护治理率/%	71.4
		人文景观 C_{56}	D_{49} 对风景名胜文物古迹的避让和保护程度	Delphi
			D_{50} 工程景观恢复率/%	Delphi
			D_{51} 景观协调度	0

对于表 5.14 中无法直接获取数据的指标，使用专家评分法(Delphi)进行 1 ~ 9 评分进行定量化，具体评分数据如表 5.15 所示。

表 5.15　专家评分数据统计表

编号	评价指标	综合评判				
		1~3	3~5	5~7	7~9	9
1	D_6 机车密闭程度	5	15	0	0	0
2	D_{11} 公众参与程度	4	3	5	8	0
3	D_{21} 清洁能源利用和能源结构	0	4	6	10	0
4	D_{25}（选线）生态敏感点的避让	0	0	5	15	0
5	D_{26}（施工期）对生态敏感区的保护程度	0	1	6	12	1
6	D_{29} 物种多样性指数	0	0	3	15	2
7	D_{44}（施工期）扬尘控制	3	6	8	3	0
8	D_{49} 对风景名胜人文景观的避让程度	0	1	5	9	5
9	D_{50} 工程景观恢复率（施工未完工）	0	5	8	6	1

5.1.4　大（理）丽（江）绿色铁路的模糊综合评判

5.1.4.1　大（理）丽（江）绿色铁路评价初级评判
（1）生态保护评判（表 5.16）。

表 5.16　大（理）丽（江）铁路生态保护评判数据

因素集 U_{51}	原始数据	评判集 V_{51}				
		v_1 最劣	v_2 较差	v_3 一般	v_4 较好	v_5 好
u_{511} 生态敏感点的避让程度	Delphi	0	0	5	15	0
u_{512} 对生态敏感区的保护程度	Delphi	0	1	12	6	1
u_{513} 生态补偿率/%	85	0	0	0	1	0
u_{514} 动物通道设置状况	不通过	0	0	0	0	0
u_{515} 物种多样性指数	Delphi	0	0	3	15	2

利用专家评判的结果做初步处理：

令 $r_{ij}=\dfrac{c_{ij}}{\sum\limits_{j=1}^{5}c_{ij}}$ $(i=1,2,3,4,5)$，且 $\sum\limits_{j=1}^{5}c_{ij}=20$ 为专家判定人数，得出 U_{51} 单因素

评判矩阵：

$$R_{51} = \begin{bmatrix} 0 & 0 & 0.25 & 0.75 & 0 \\ 0 & 0.05 & 0.6 & 0.3 & 0.05 \\ 0 & 0 & 0 & 1 & 0 \\ 0 & 0 & 0 & 0 & 0 \\ 0 & 0 & 0.15 & 0.75 & 0.1 \end{bmatrix}$$

权重见前文层次分析法计算结果表 5.13 中生态三级指标的权重集。利用加权平均模型 $M(+,\cdot)$ 算子，即对生态防护因素的初级评判结果为

$$B_{51} = A_{51} \times R_{51}$$
$$= (0.331\,3,\ 0.205\,1,\ 0.243\,9,\ 0.085\,3,\ 0.134\,4)$$

$$\times \begin{bmatrix} 0 & 0 & 0.25 & 0.75 & 0 \\ 0 & 0.05 & 0.6 & 0.3 & 0.05 \\ 0 & 0 & 0 & 1 & 0 \\ 0 & 0 & 0 & 0 & 0 \\ 0 & 0 & 0.15 & 0.75 & 0.1 \end{bmatrix}$$

$$= (0,\ 0.010\,3,\ 0.226\,0,\ 0.654\,7,\ 0.023\,7)$$

将 B_{51} 归一化得

$$B_{51}^{*} = (0,\ 0.011\,2,\ 0.247\,1,\ 0.715\,8,\ 0.025\,9)$$

（2）水土流失治理评判（表 5.17）。

表 5.17　大（理）丽（江）铁路水土流失治理评判数据

因素集 B_{52}	原始数据	评判集 V_{52}				
		v_1 最劣	v_2 较差	v_3 一般	v_4 较好	v_5 好
u_{521} 弃土弃渣场址的选择合理率/%	0.96	0	0	0	0	1
u_{522} 土壤流失控制比	1.01	0	0	0	1	0
u_{523} 拦渣率/%	95	0	0	0.5	0.5	0
u_{524}（运营）扰动土地的治理程度/%	85	0	1	0	0	0
u_{525}（运营）水土流失治理程度/%	98.4	0	0	0	1	0
u_{526}（运营）植被恢复系数/%	35.6	0	0	0	0	1
u_{527}（运营）沿线林草覆盖率/%	45.6	1	0	0	0	0

计算方式同 U_{51}。其中拦渣率的数值 95% 正好处于上下两个评价等级（90～95）和（95～100）的交汇处，故隶属度各取 0.5。利用加权平均模型 $M(+,\cdot)$ 算子，即对水土流失因素的初级评判结果为

$$\boldsymbol{B}_{52} = \boldsymbol{A}_{52} \times \boldsymbol{R}_{52}$$

$$= (0.181\,6,\ 0.117\,6,\ 0.171\,2,\ 0.114\,1,\ 0.101\,4,\ 0.157\,3,\ 0.157\,0)$$

$$\times \begin{bmatrix} 0 & 0 & 0 & 0 & 1 \\ 0 & 0 & 0 & 1 & 0 \\ 0 & 0 & 0.5 & 0.5 & 0 \\ 0 & 1 & 0 & 0 & 0 \\ 0 & 0 & 0 & 1 & 0 \\ 0 & 0 & 0 & 0 & 1 \\ 1 & 0 & 0 & 0 & 0 \end{bmatrix}$$

$$= (0.157\,0,\ 0.114\,1,\ 0.085\,6,\ 0.304\,6,\ 0.338\,9)$$

将 $\boldsymbol{B}_{52}$ 归一化得

$$\boldsymbol{B}_{52}^{*} = (0.157\,0,\ 0.114\,1,\ 0.085\,6,\ 0.304\,5,\ 0.338\,8)$$

（3）噪声电磁防治评判（表 5.18）。

表 5.18　大（理）丽（江）铁路噪声电磁防治评判数据

因素集 $\boldsymbol{B}_{53}$	原始数据	评判集 V_{53}				
		v_1 最劣	v_2 较差	v_3 一般	v_4 较好	v_5 好
u_{531} 等效声级/dB	昼+2.8-3.3/夜+4.5-6.3	0	0	1	0	0
u_{532} 声屏障设置率/%	植绿化林带/80%	0	0	0	1	0
u_{533} 干线两侧达标率/%	66.7	0	0	1	0	0
u_{534}（电气化）电磁感知度	0	0	0	0	0	0

$$\boldsymbol{B}_{53} = \boldsymbol{A}_{53} \times \boldsymbol{R}_{53}$$

$$= (0.298\,4,\ 0.119\,6,\ 0.512\,2,\ 0.069\,7) \times \begin{bmatrix} 0 & 0 & 1 & 0 & 0 \\ 0 & 0 & 0 & 1 & 0 \\ 0 & 0 & 1 & 0 & 0 \\ 0 & 0 & 0 & 0 & 0 \end{bmatrix}$$

$$= (0,\ 0,\ 0.810\,6,\ 0.119\,6,\ 0)$$

将 $\boldsymbol{B}_{53}$ 归一化得

$$\boldsymbol{B}_{53}^{*} = (0,\ 0,\ 0.871\,4,\ 0.128\,6,\ 0)$$

（4）"三废"处理评判（表 5.19）。

表 5.19　大（理）丽（江）铁路"三废"处理评判数据

因素集 U_{54}	原始数据	评判集 V_{54}				
		v_1 最劣	v_2 较差	v_3 一般	v_4 较好	v_5 好
u_{541}（施工期）污水达标率/%	工业 77%/生活 61.8%	0	0.5	0.5	0	0
u_{542}（施工期）固废处理率/%	82.2	0	0	0	1	0
u_{543}（施工期）废气污染指数	100	0	0	0	0	1
u_{544}（施工期）扬尘控制	Delphi	3	6	8	3	0

$$\boldsymbol{B}_{54} = \boldsymbol{A}_{54} \times \boldsymbol{R}_{54}$$

$$= (0.274\,9,\ 0.430\,2,\ 0.179\,9,\ 0.115\,0) \times \begin{bmatrix} 0 & 0.5 & 0.5 & 0 & 0 \\ 0 & 0 & 0 & 1 & 0 \\ 0 & 0 & 0 & 0 & 1 \\ 0.15 & 0.3 & 0.4 & 0.15 & 0 \end{bmatrix}$$

$$= (0.017\,3,\ 0.172\,0,\ 0.183\,5,\ 0.447\,5,\ 0.179\,9)$$

将 $\boldsymbol{B}_{54}$ 归一化得

$$\boldsymbol{B}_{54}^* = (0.017\,3,\ 0.172\,0,\ 0.183\,5,\ 0.447\,5,\ 0.179\,9)$$

（5）地质灾害控制（表 5.20）。

表 5.20　大（理）丽（江）铁路地质灾害控制评判数据

因素集 U_{55}	原始数据	评判集 V_{55}				
		v_1 最劣	v_2 较差	v_3 一般	v_4 较好	v_5 好
u_{551}（设计）通过灾害地段数量/（个/100 km）	31	0	1	0	0	0
u_{552}（施工期）地质灾害发生率/（处/100 km）	<5	0	0	0	0	1
u_{553}（运营期）线路病害率/%	0	0	0	0	0	0
u_{554} 沿线地质灾害防护治理率/%	对崩塌落石和泥石流进行了防护	0	0	1	0	0

$$\boldsymbol{B}_{55} = \boldsymbol{A}_{55} \times \boldsymbol{R}_{55}$$

$$= (0.489\,9,\ 0.087\,3,\ 0.167\,3,\ 0.255\,6) \times \begin{bmatrix} 0 & 1 & 0 & 0 & 0 \\ 0 & 0 & 0 & 0 & 1 \\ 0 & 0 & 0 & 0 & 0 \\ 0 & 0 & 1 & 0 & 0 \end{bmatrix}$$

$$= (0,\ 0.489\,9,\ 0.255\,6,\ 0,\ 0.087\,3)$$

将 $\boldsymbol{B}_{55}$ 归一化得

$$\boldsymbol{B}_{55}^* = (0，0.588\ 3，0.306\ 9，0，0.104\ 8)$$

（6）人文景观防护（表5.21）。

表5.21　大（理）丽（江）铁路人文景观防护评判数据

因素集 $\boldsymbol{U}_{56}$	原始数据	评判集 $\boldsymbol{V}_{56}$				
		v_1 最劣	v_2 较差	v_3 一般	v_4 较好	v_5 好
u_{561}（设计期）对风景名胜避让	Delphi	0	1	5	9	5
u_{563}（施工期）景观恢复率/%	Delphi	0	5	8	6	1
u_{562}（运营期）景观协调度/%	0	0	0	0	0	0

$$\boldsymbol{B}_{56} = \boldsymbol{A}_{56} \times \boldsymbol{R}_{56}$$

$$= (0.268\ 7，0.402\ 5，0.328\ 8) \times \begin{bmatrix} 0 & 0.05 & 0.25 & 0.45 & 0.25 \\ 0 & 0.25 & 0.4 & 0.3 & 0.05 \\ 0 & 0 & 0 & 0 & 0 \end{bmatrix}$$

$$= (0，0.114\ 1，0.228\ 2，0.241\ 7，0.087\ 3)$$

将 $\boldsymbol{B}_{56}$ 归一化得

$$\boldsymbol{B}_{56}^* = (0，0.169\ 9，0.340\ 0，0.360\ 0，0.130\ 1)$$

5.1.4.2　大（理）丽（江）绿色铁路评价二级评判

（1）铁路子系统 $\boldsymbol{U}_1$（表5.22）。

表5.22　大（理）丽（江）铁路子系统评判数据

因素集 $\boldsymbol{U}_1$	原始数据	评判集 $\boldsymbol{V}_1$				
		v_1 最劣	v_2 较差	v_3 一般	v_4 较好	v_5 好
u_{11} 列车旅行车速/（km/h）	60	0	0.5	0.5	0	0
u_{12} 行车密度/（车/d）	16	0	1	0	0	0
u_{13} 旅客周转量/（人公里/a）	7.75	0	1	0	0	0
u_{14} 货运周转量/（吨公里/a）	7.41	1	0	0	0	0
u_{15} 电气化程度/%	0	0	0	0	0	0
u_{16} 机车密闭程度（1~5评分）	4	0	1	0	0	0
u_{17} 环保投入比率/%	5.36	0	0	0	0	1
u_{18} 人口迁移量/（人/km）	9	0	0	0	1	0
u_{19} 铁路工程环境效益/（万元/a）	47 218（11%）	0	0	0	0	1
u_{110} 经济土地占用比例/%	59.2	0	0	1	0	0

铁路子系统的二级评判结果为

$$B_1 = A_1 \times R_1 = (0.139\ 7,\ 0.104\ 8,\ 0.104\ 8,\ 0.109\ 1,\ 0.092\ 9,\ 0.089\ 2,\ 0.091\ 0,$$

$$0.071\ 1,\ 0.102\ 7,\ 0.094\ 7) \times \begin{bmatrix} 0 & 0.5 & 0.5 & 0 & 0 \\ 0 & 1 & 0 & 0 & 0 \\ 0 & 1 & 0 & 0 & 0 \\ 1 & 0 & 0 & 0 & 0 \\ 0 & 0 & 0 & 0 & 0 \\ 0 & 1 & 0 & 0 & 0 \\ 0 & 0 & 0 & 0 & 1 \\ 0 & 0 & 0 & 1 & 0 \\ 0 & 0 & 0 & 0 & 1 \\ 0 & 0 & 1 & 0 & 0 \end{bmatrix}$$

$$= (0.200\ 1,\ 0.367\ 9,\ 0.164\ 6,\ 0.071\ 1,\ 0.193\ 7)$$

将 B_1 归一化得

$$B_1^* = (0.200\ 6,\ 0.368\ 8,\ 0.165\ 0,\ 0.071\ 3,\ 0.194\ 2)$$

（2）社会子系统 U_2（表 5.23、表 5.24）。

表 5.23　大（理）丽（江）铁路社会子系统评判数据

因素集 U_2	评判集 V_2				
	v_1 最劣	v_2 较差	v_3 一般	v_4 较好	v_5 好
u_{21} 公众参与程度	0	0	0	1	0
u_{22} 社会恩格尔系数	0	0	0.75	0.25	0
u_{23} 交通法规和安全常识普及率/%	0	0	1	0	0
u_{24} 高中在校学生人口比重/（人/万人）	1	0	0	0	0
u_{25} 失业率/%	0	0	0	0	1

表 5.24　线路区域调查数据

线路区域	大理市	洱源县	鹤庆县	丽江市
D_{11} 公众参与程度	EIA 会议参与程度，采访表发放回收率 74%（平均）			
D_{12} 社会恩格尔系数	0.313 2	0.410 9	0.410 9	0.43
D_{13} 交通法规普及率/%	调查表法，63.4%（平均）			
D_{14} 高中在校学生/（人/万人）	134	133	140	255
D_{15} 失业率/%	3.25		2.4	3.5

$$\boldsymbol{B}_2 = \boldsymbol{A}_2 \times \boldsymbol{R}_2$$

$$= (0.209\,9,\ 0.391\,6,\ 0.150\,7,\ 0.097\,1,\ 0.150\,7) \times \begin{bmatrix} 0 & 0 & 0 & 1 & 0 \\ 0 & 0 & 0.75 & 0.25 & 0 \\ 0 & 0 & 1 & 0 & 0 \\ 0 & 0 & 0 & 0 & 1 \\ 1 & 0 & 0 & 0 & 0 \end{bmatrix}$$

$$= (0.150\,7,\ 0,\ 0.444\,4,\ 0.307\,8,\ 0.097\,1)$$

将 $\boldsymbol{B}_2$ 归一化得

$$\boldsymbol{B}_2^* = (0.150\,7,\ 0,\ 0.444\,4,\ 0.307\,8,\ 0.097\,1)$$

（3）经济子系统 U_3（表 5.25、表 5.26）。

表 5.25　大（理）丽（江）铁路经济子系统评判数据

因素集 U_3	评判集 V_3				
	v_1 最劣	v_2 较差	v_3 一般	v_4 较好	v_5 好
u_{31} 人均 GDP 增长率/%	0	0	0	0	1
u_{32} 第三产业占 GDP 比重/%	0	0.375	0.5	0.125	0
u_{33} 居民人均收入增长率/%	0	0.25	0.125	0.125	0.5
u_{34} 基尼指数	0	0	0.5	0.5	0
u_{35} 地区竞争力指数	0	1	0	0	0

表 5.26　线路区域调查数据

线路区域	大理市	洱源县	鹤庆县	丽江市
D_{16} 人均 GDP 增长率/%	8	10	10.5	8.76
D_{17} 第三产业占 GDP 比重/%	41	40	38.0	50
D_{18} 居民人均收入增长率/%	3.74	6	9.02～9.93	9.51～13.17
D_{19} 基尼指数	0.384			0.212
D_{20} 地区竞争力指数	72.33（平均）			

$$\boldsymbol{B}_3 = \boldsymbol{A}_3 \times \boldsymbol{R}_3$$

$$= (0.240\,6,\ 0.174\,1,\ 0.250\,7,\ 0.174\,0,\ 0.160\,6) \times \begin{bmatrix} 0 & 0 & 0 & 0 & 1 \\ 0 & 0.375 & 0.5 & 0.125 & 0 \\ 0 & 0.25 & 0.125 & 0.125 & 0.5 \\ 0 & 0 & 0.5 & 0.5 & 0 \\ 0 & 1 & 0 & 0 & 0 \end{bmatrix}$$

$$= (0,\ 0.288\,6,\ 0.205\,4,\ 0.140\,1,\ 0.366\,0)$$

将 B_3 归一化得

$$B_3^* = (0, 0.288\ 6, 0.205\ 4, 0.140\ 1, 0.366\ 0)$$

（4）资源子系统 U_4（表 5.27、表 5.28）。

表 5.27　大（理）丽（江）铁路资源子系统评判数据

因素集 U_4	评判集 V_4				
	v_1 最劣	v_2 较差	v_3 一般	v_4 较好	v_5 好
u_{41} 清洁能源利用率和能源结构	0	4	6	10	0
u_{42} 森林覆盖率/%	0	0.25	0.75	0	0
u_{43} 人均耕地/（ha/人）	0	0.25	0.75	0	0
u_{44} 人均水资源/（m³/人）	0	0	0	0	1

表 5.28　线路区域调查数据

线路区域	大理市	洱源县	鹤庆县	丽江市
D_{21} 清洁能源利用率和能源结构	Delphi			
D_{22} 森林覆盖率/%	48.67	46.3	21.4	40.30
D_{23} 人均耕地/（ha/人）	0.103	0.11	0.062 6	0.092
D_{24} 人均水资源/（m³/人）	5 425.01（平均）			

$B_4 = A_4 \times R_4$

$$= (0.307\ 1, 0.320\ 6, 0.224\ 5, 0.147\ 8) \times \begin{bmatrix} 0 & 0.2 & 0.3 & 0.5 & 0 \\ 0 & 0.25 & 0.75 & 0 & 0 \\ 0 & 0.25 & 0.75 & 0 & 0 \\ 0 & 0 & 0 & 0 & 1 \end{bmatrix}$$

$$= (0, 0.197\ 7, 0.501\ 0, 0.153\ 6, 0.147\ 8)$$

将 B_4 归一化得

$$B_4^* = (0, 0.197\ 7, 0.501\ 0, 0.153\ 6, 0.147\ 8)$$

（5）环境子系统 U_5（表 5.29）。

表 5.29　大（理）丽（江）铁路环境子系统评判数据

因素集 U_5	评判集 V_5				
	v_1 最劣	v_2 较差	v_3 一般	v_4 较好	v_5 好
u_{51} 生态保护	0	0.011 2	0.247 1	0.715 8	0.025 9
u_{52} 水土流失治理	0.157 0	0.114 1	0.085 6	0.304 5	0.338 8
u_{53} 噪声电磁防治	0	0	0.871 4	0.128 6	0
u_{54} 三废处理	0.017 3	0.172 0	0.183 5	0.447 5	0.179 9
u_{55} 地质灾害控制	0	0.588 3	0.306 9	0	0.104 8
u_{56} 人文景观防护	0	0.169 9	0.340 0	0.360 0	0.130 1

$B_5 = A_5 \times R_5 = (0.163\,4,\ 0.214\,1,\ 0.138\,1,\ 0.152\,6,\ 0.207\,0,\ 0.124\,8) \times$

$$\begin{bmatrix} 0 & 0.011\,2 & 0.247\,1 & 0.715\,8 & 0.025\,9 \\ 0.157\,0 & 0.114\,1 & 0.085\,6 & 0.304\,5 & 0.338\,8 \\ 0 & 0 & 0.871\,4 & 0.128\,6 & 0 \\ 0.017\,3 & 0.172\,0 & 0.183\,5 & 0.447\,5 & 0.179\,9 \\ 0 & 0.588\,3 & 0.306\,9 & 0 & 0.104\,8 \\ 0 & 0.169\,9 & 0.340\,0 & 0.360\,0 & 0.130\,1 \end{bmatrix}$$

$= (0.036\,3,\ 0.195\,5,\ 0.313\,1,\ 0.313\,0,\ 0.142\,2)$

将 B_5 归一化得

$$B_5^* = (0.036\,3,\ 0.195\,5,\ 0.313\,1,\ 0.313\,0,\ 0.142\,1)$$

5.1.4.3　大（理）丽（江）线绿色铁路评价三级评判

大（理）丽（江）绿色铁路模糊综合评判数据见表 5.30。

表 5.30　大（理）丽（江）绿色铁路模糊综合评判数据

因素集 U	权重集 A	评判集 V				
		v_1 非绿色	v_2 浅绿色	v_3 准绿色	v_4 绿色	v_5 深绿色
u_1 铁路子系统	0.226 5	0.200 6	0.368 8	0.165 0	0.071 3	0.194 2
u_2 社会子系统	0.156 9	0.150 7	0	0.444 4	0.307 8	0.097 1
u_3 经济子系统	0.156 9	0	0.288 6	0.205 4	0.140 1	0.366 0
u_4 资源子系统	0.156 9	0	0.197 7	0.501 0	0.153 6	0.147 8
u_5 环境子系统	0.302 8	0.036 3	0.195 5	0.313 1	0.313 0	0.142 1

绿色铁路系统因素的三级评判结果为

$B = A \times R = (0.226\,5,\ 0.156\,9,\ 0.156\,9,\ 0.156\,9,\ 0.302\,8) \times$

$$\begin{bmatrix} 0.200\,6 & 0.368\,8 & 0.165\,0 & 0.071\,3 & 0.194\,2 \\ 0.150\,7 & 0 & 0.444\,4 & 0.307\,8 & 0.097\,1 \\ 0 & 0.288\,6 & 0.205\,4 & 0.140\,1 & 0.366\,0 \\ 0 & 0.197\,7 & 0.501\,0 & 0.153\,6 & 0.147\,8 \\ 0.036\,3 & 0.195\,5 & 0.313\,1 & 0.313\,0 & 0.142\,1 \end{bmatrix}$$

$= (0.080\,1,\ 0.219\,0,\ 0.312\,7,\ 0.205\,3,\ 0.182\,9)$

将 B 归一化得

$$B^* = (0.080\,1,\ 0.219\,0,\ 0.312\,7,\ 0.205\,3,\ 0.182\,9)$$

最后综合评判结果表明，大（理）丽（江）线的总体绿色态势如表 5.31 所示。

表 5.31 大（理）丽（江）线绿色铁路综合评价态势

评判结果	v_1 非绿色	v_2 浅绿色	v_3 准绿色	v_4 绿色	v_5 深绿色
数值	0.080 1	0.219 0	0.312 7	0.205 3	0.182 9
比率/%	8.01	21.90	31.27	20.53	18.29

5.1.4.4 大（理）丽（江）线绿色铁路综合价值系数评价

运用绿色铁路评价体系所述的方法，将评语集赋予对应的等级矩阵值 C。根据 Saaty 提出的 1~9 比率标度法，取 $C=\{1, 3, 5, 7, 9\}$。因此，大（理）丽（江）线综合价值系数：

$$P = B^* \times C^{\mathrm{T}} = (0.080\ 1, 0.219\ 0, 0.312\ 7, 0.205\ 3, 0.182\ 9) \times (1, 3, 5, 7, 9)^{\mathrm{T}}$$
$$= 5.383\ 8$$

可知，大（理）丽（江）线的总体评分为 5.383 8 分，评判结果为准绿色铁路。综合价值系数可以用于多条线路的绿色铁路评判的直观对比。

5.1.4.5 大（理）丽（江）线绿色铁路评价结果分析（表 5.32、表 5.33）

表 5.32 大（理）丽（江）线环境子系统二级评判分析

因素集 U_{51}	v_1 最劣	v_2 较差	v_3 一般	v_4 较好	v_5 好	评分	等级
u_{51} 生态保护	0	0.011 2	0.247 1	0.715 8	0.025 9	6.512 8	较好
u_{52} 水土流失治理	0.157 0	0.114 1	0.085 6	0.304 5	0.338 8	6.108 0	好
u_{53} 噪声电磁防治	0	0	0.871 4	0.128 6	0	5.257 2	一般
u_{54} 三废处理	0.017 3	0.172 0	0.183 5	0.447 5	0.179 9	6.202 4	较好
u_{55} 地质灾害控制	0	0.588 3	0.306 9	0	0.104 8	4.242 6	较差
u_{56} 人文景观防护	0	0.169 9	0.340 0	0.360 0	0.130 1	5.900 6	较好

表 5.33 大（理）丽（江）线绿色铁路模糊综合评判分析

因素集	非绿色	浅绿色	准绿色	绿色	深绿色	评分	等级
铁路子系统	0.200 6	0.368 8	0.165 0	0.071 3	0.194 2	4.378 9	浅绿色
社会子系统	0.150 7	0	0.444 4	0.307 8	0.097 1	5.401 2	准绿色
经济子系统	0	0.288 6	0.205 4	0.140 1	0.366 0	6.167 5	深绿色
资源子系统	0	0.197 7	0.501 0	0.153 6	0.147 8	5.503 5	准绿色
环境子系统	0.036 3	0.195 5	0.313 1	0.313 0	0.142 1	5.658 4	绿色

大（理）丽（江）线为在建项目，其环境保护工作总的态势是：生态保护为较好（71.58%），水土流失治理为好（33.88%），噪声电磁防治为一般（87.14%），三废处理为较好（44.75%），地质灾害控制为较差（58.83%），人文景观防护为较好（36.00%）。项目突出的特点是水土流失治理工作完善，这和该项目占总投

资 5.36%的水土保持经费是密切相关的，设计部门的匠心独具和施工单位严肃的态度和规范的工作也起到了至关重要的作用。大（理）丽（江）线的生态保护、"三废"处理和人文景观防护工作也非常具有特色，在保质保量完成设计、施工工作的同时，也有效地保护了当地的生态环境免受破坏，保护了大理—丽江国家级风景名胜区的美丽的自然风光和灿烂的文物古迹免遭大型工程的影响。噪声电磁防护方面，由于线路处于施工阶段，各种车辆和机械的运转噪声给周边居民造成了一定程度的干扰，虽然设计部门在设计上对需要搬迁的学校和居民点进行了规划，如下存仁信善小学，但是在现场勘测中发现目前还未进行搬迁工作，造成了一定程度的施工噪声值超标，因此此项工作还需尽快落实。地质灾害控制方面得分较低的主要原因是在建项目所处的区域为云贵高原喀斯特地形区，岩溶较发育，沿线约 40.7 km，约占线路总长的 23.9%，另具有多处滑坡坍塌、落石岩堆和泥石流等地质灾害，以及软土、膨胀土等特殊地段，给设计和施工工作带来了较大的难度和挑战。虽然设计部门做了较完善的防护设施，但未经实践检验，故影响了该项目的总体评分。

5.1.5　大（理）丽（江）线绿色铁路的模糊神经网络评判方法核算

根据绿色铁路模糊神经网络评价原理，设定绿色铁路人工神经网络学习率取 0.01，动量因子取 0.1，最大学习次数取 10 000 次，系统误差目标值为 0.001，进行模糊神经网络的训练学习，运用 Matlab6.5 神经网络仿真工具箱进行绿色铁路评价神经网络训练仿真，经过 7 970 次迭代学习，网络趋于稳定。从而获得模糊神经网络各节点的权值和阈值，完成网络训练。绿色铁路评价系统 BP 网络训练误差变化曲线如图 5.2 所示。

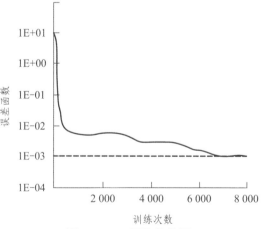

图 5.2　BP 网络收敛图

针对前文的大（理）丽（江）铁路相关指标资料，利用 Matlab6.5 语言编写模糊神经网络计算机程序，将权重集合 **A** 和评价矩阵 **R** 代入，模糊评价结果为：**B**=**A**·**R**=（0.227，0.102，0.626，0.045，0）。

运用建立的模糊神经网络进行绿色铁路评价，评价结果如表 5.34 所示。由评价结果可知，大（理）丽（江）线现状为准绿色铁路，其运营和维护水平有待进一步增强，才能使铁路运营和社会、经济、资源和环境各项因子间相互协调的程度不断提高，实现大（理）丽（江）铁路的可持续发展。

表 5.34　大（理）丽（江）铁路核算结果

评价对象	网络输出值					评价等级
绿色铁路等级	非绿色	浅绿色	准绿色	绿色	深绿色	1～5
大（理）丽（江）铁路	0.227	0.102	0.626	0.045	0	3
准绿色隶属度	0	0	1	0	0	3

将人工神经网络理论应用于我国铁路评价，并建立了基于模糊神经网络的绿色铁路评价模型。实际应用表明，该方法能较好地模拟专家评价之全过程，有机地结合了知识获取、专家系统和模糊推理功能，评价效果良好。通过大（理）丽（江）铁路的工程实例，与模糊综合评判法的结果一致，说明和实际情况较为吻合，从而也证明了绿色铁路评价指标选取的合理性及绿色铁路模糊综合评价方法的可行性。

5.1.6　大（理）丽（江）线绿色铁路的系统协调度评价

根据巨系统协调理论和方法对大（理）丽（江）铁路的系统协调性进行评价，大（理）丽（江）线绿色铁路模糊综合评判基础数据如表 5.35 所示。

表 5.35　大（理）丽（江）线绿色铁路模糊综合评判分析

编号	因素集	评分	等级
A	铁路子系统	4.378 9	浅绿色
B	社会子系统	5.401 2	准绿色
C	经济子系统	6.167 5	深绿色
D	资源子系统	5.503 5	准绿色
E	环境子系统	5.658 4	准绿色

用星图法表示大（理）丽（江）线绿色铁路系统协调性的几何意义，如图 5.3 所示。

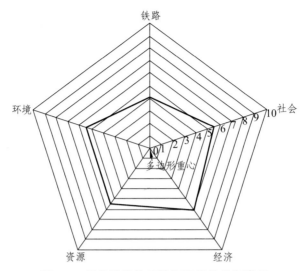

图 5.3　绿色铁路体系协调程度的几何意义

各个子系统发展采用其发展指数平均值 $\bar{I}$ 与理想发展最大值 $C_{\max}$ 的相对值表示。则绿色铁路系统的协调度 α 为：

$$\alpha = \frac{\bar{I}}{C_{\max}} \cdot \left[1 - \sqrt{\frac{\sum_{i=1}^{5}\left(C_i - \bar{I}\right)^2}{5}} \right]$$

式中，$\bar{I} = \dfrac{\sum_{i=1}^{5} C_i}{5}$；理想发展值 C_k 根据 Saaty 提出的 1~9 比率标度法标准，可取为最大值 9。

计算结果：

$$\bar{I} = \frac{A + B + C + D + E}{5} = 5.421\ 9$$

$$\sum_{i=1}^{5}\left(C_i - \bar{I}\right)^2 = (4.378\ 9 - 5.421\ 9)^2 + (5.401\ 2 - 5.421\ 9)^2 + (6.167\ 5 - 5.421\ 9)^2 +$$

$$(5.503\ 5 - 5.421\ 9)^2 + (5.658\ 4 - 5.421\ 9)^2 = 1.706\ 8$$

$$\alpha = \frac{\bar{I}}{C_{\max}} \cdot \left[1 - \sqrt{\frac{\sum_{i=1}^{5}\left(C_i - \bar{I}\right)^2}{5}} \right] = \frac{5.421\ 9}{9} \cdot \left(1 - \sqrt{\frac{1.706\ 8}{5}} \right)$$

$$= 0.602\ 4 \times 0.738\ 7 = 0.445\ 0$$

因此，大（理）丽（江）线建设阶段绿色铁路系统的协调程度为 0.445 0，其 5 个子系统的协调程度为 0.738 7，但是由于各个子系统发展度处于较低水平（0.602 4），因而影响了整个绿色铁路系统的协调程度评分值。

5.1.7 大（理）丽（江）绿色铁路系统评价结论和建议

5.1.7.1 评价结论

大（理）丽（江）线属于西部山区铁路，所经区域山高谷深、地形复杂、地质灾害较多；经济总体实力较弱，社会抗冲击能力不强；属多民族聚居区，少数民族人口比例超过 50%；沿线经过多处国家级、地方级风景名胜保护区和自然保护区，生态环境脆弱。铁路子系统评价结果为浅绿色（36.88%），主要原因为该线路地处西部山区、速度较慢，且区域经济就全国而言较弱，属于落后待开发地区，故而行车密度、客运货运周转量、车辆的先进程度等指标都无法与地处东部平原的铁路大动脉相提并论；该线现为建造期，缺乏准确的定量数据，主要依据设计数据和类比数据，也对线路评分造成了一定程度的影响。社会子系统（44.44%）和资源子系统（50.10%）评价结果为准绿色，主要原因为待评价地区人口稀少、失业率较低、物价较低、资源丰富，特别是水能和太阳能等清洁能源储藏丰富，使用率也较高，故社会子系统和资源子系统发展度较好。环境子系统准绿色的评价结果为 31.31%，绿色的评价结果为 31.30%，两者相等，说明环境子系统的评判值正好处于两个评判等级的中值。但由于环境子系统的各项指标参差不齐，协调度较差，故而应判断其为准绿色。经济子系统评价结果为深绿色（36.60%），主要原因是待评价区域拥有得天独厚的自然条件，具有多处风景名胜区和自然保护区，并得到了很好的开发和利用，其中苍山洱海风景区、大理古城、崇胜寺三塔以及丽江古城、玉龙雪山、虎跳峡等著名景点更是世界闻名，故而一年四季游客众多，给区域经济带来了大量的旅游收入，并带动第三产业发展，经济增长率和居民收入增长率远大于全国平均增长率，在整个西部地区处于较发达的地区。强劲的经济实力也给铁路的修建和运营打下了坚实的基础。

总体而言，在建线路大（理）丽（江）线的总体评分为 5.383 8 分，评判结果为准绿色铁路（31.27%），说明大（理）丽（江）线施工阶段的各项工作业绩较好，该区域的经济系统、社会系统、资源系统和环境系统也能够较好地促进铁路的建设和运营。但是大（理）丽（江）线路的总体评判并没有完全达到绿色铁路的要求，主要原因有：

（1）是由绿色铁路指标体系的严格性所决定的。本次所建立的绿色铁路指标体系具有较高的前瞻性，各项指标的设置值较高，对于绿色铁路的要求较严格。客观地说，目前国内多数既有铁路线路的评价结果均不能完全满足绿色铁路的要求。但是，随着我国社会经济的不断发展和人民生活水平的不断提高，对铁路要求的不断调整和提高，对资源的重复利用和对清洁能源的不断追求，对生态环境保护的不断重视，相信在不远的将来，通过对既有线路的不断改进和对新建线路建设标准和要求的不断提高，会有越来越多的铁路符合绿色铁路的评价标准，使我国铁路运输真正发挥可持续性运输方式的巨大能力。

（2）是由在建项目大（理）丽（江）线的区域特点所决定的。该线路地处云贵高原，属于西部山区铁路。铁路所经区域，山高谷深、地形复杂、地质灾害较多，经济基础较弱，且为多民族聚居区，少数民族比例在 50% 以上；另外沿线经过多处国家级、地方级风景名胜保护区和自然保护区，生态环境脆弱，在这样复杂的地形条件和人居环境条件下进行大型项目的建设，难度可想而知。由于地形所限，西南山区铁路机车运行速度较慢、行车密度较低、客运货运周转量小，这些不利的客观条件造成了大（理）丽（江）线在绿色铁路模糊综合评价体系中得分较低，虽然设计部门在线路设计中采取了很多防护和改进手段，但依然无法改变该线路在某些子系统下分数较低的评价结果。

（3）是由该项目的工程进度所决定的。该线路现为建造期，在一些指标上缺乏准确的定量数据，主要依据设计数据和类比数据，也对线路评分造成了一定程度的影响。另外在一些针对建设期的评价指标上，由于线路尚未完全竣工，故不易作出准确的定量判断，在实际工作中作出了赋 0 值的评价。相信在线路完全施工完毕进行试运营阶段再进行评估，可以得出更准确的判断。

（4）是由该项目的一些微小瑕疵所决定的。大（理）丽（江）线整体而言，"三同时"工作开展得十分到位，各项环保措施也做得比较好，但是还是存在一些不足之处，如：植被恢复系数较低，仅设计为 35.6%；施工期的噪声监测值有所超标，白天超标 2.8 ~ 3.3 dB，夜间超标 4.5 ~ 6.3 dB，达标率 91.3%；施工期生活污水的处理率和生活垃圾的无害化处理率较低，对沿线生态环境造成了一定的负面效应等。这些指标的较低得分也对大（理）丽（江）线整体的绿色铁路评价结果造成了一定的不利影响。

5.1.7.2　改进措施

我国铁路正处在一个快速发展的时期，随着铁路路网的加密、车辆密度的增加以及车速的提高，所引起的环境问题也越来越多。但铁路的发展不能以牺牲环境作为代价，铁路在自身发展的同时，必须承担起保护环境的责任。铁路要发展，环境要保护，关键是如何减少环境影响，求得铁路发展与环境保护的协调发展，即本书曾多处强调的铁路、社会、经济、资源和环境 5 个子系统的协调发展。铁路建设项目具有线长、点多、面广的特点，对环境的影响是多方面、多渠道的，具体到大（理）丽（江）在建线路，主要改进措施包括：

（1）从社会经济学的角度上看，应努力加快大（理）丽（江）区域经济、社会的发展，不断提高人民生活水平、教育水平和生产水平。只有经济发达、社会稳定、人民各项素质高，才能使铁路建设和发展不是"无米之炊"，才能使铁路运输物尽所用，从而反过来促进区域的经济不断发展，促使社会更加稳定。

（2）交通运输需要消耗大量的能源，从节能降耗的角度看，应充分发挥吸引区的优势，有效利用吸引区丰富的资源条件，如云南省大量的水力、风力、地热和太阳能等清洁能源，降低铁路运输对传统能源的依赖，改善能源结构，促进铁路运输高效迅捷地运转下去。

（3）铁路建设是一项重大基础建设项目，难免会对周边生态环境造成不利的影响。从环境科学的角度看，建设期的大（理）丽（江）线路突出的特点是水土流失治理工作十分完善，同时在生态保护、"三废"处理和人文景观防护工作方面也非常具有特色，但是还应该在以下几个方面进一步完善：

① 控制施工期水污染的措施。

Ⅰ．控制污染物排放量，减少各类污水的废水量和污染物浓度。

Ⅱ．合理规划污水管线和排污口位置，改进污水口排放方式。

Ⅲ．采用污水处理措施，选择经济有效的污水处理方式。生活污水可采用间歇式活性污泥法（SBR）、厌氧生物滤池及化粪池进行处理；生产废水可采用调节沉淀、斜板隔油、气浮（或吸附）过滤等处理工艺。对于工业废水，必须采用有效手段做到百分之百达标后再排放；对于生活污水，应根据实际情况进行经济有效的处理，提高生活污水的达标排放率，再寻找合适的出口进行排放。洱海周围绝对禁止新建排污口。

Ⅳ．提高水的重复利用率，中水可用于冲洗厕所以及排入农灌沟进行农田浇灌等。

Ⅴ．加强管理，切实做好环境监测制度，准确地掌握各个工地的污水达标排放率，对不合格的工点就地停工整顿。

② 控制噪声的措施。

Ⅰ．做好噪声源的控制，即积极降噪法。从声源上降低噪声，如控制施工噪声、夜间停止超标机械的施工等。

Ⅱ．控制与阻挡噪声的传播，即消极降噪法。在传播途中控制噪声，对环境敏感点，如学校、居民点等地设置声屏障、防护林等；在接受点阻止噪声，如对沿线校舍进行隔声改造，设置双层窗，换用较大质量的门板等。

Ⅲ. 在设计方案中由于噪声问题规划搬迁的环境敏感点，如下存仁信善小学等必须尽快搬迁，降低施工噪声对学生上课的影响。

Ⅳ. 高噪声施工作业应远离居民区 200 m 外；采用低噪声设备；主要的施工活动严格控制在昼间；采取临时隔声设施以降低机械噪声的影响；施工车辆应尽量绕开居民区，同时夜间禁止穿越居民区。

③ 控制固体废弃物的措施。

Ⅰ. 在各个施工点修建生活垃圾堆放场所，并联系所在地方环卫部门，严格执行定期集中收集处置。

Ⅱ. 生产废物应全部回收，不能随意遗弃，应和生活垃圾分开堆放，并定期交给当地环保部门集中处理。对于一些毒性和害处比较明显的生产废物，应按照危险废弃物进行有效处理。

Ⅲ. 研究垃圾处理新技术，使垃圾资源化。

④ 控制生态环境影响的措施。

Ⅰ. 由于线路通过复杂生态系统和大量不良工程地质地段，施工时应严格按照设计图纸，充分考虑各种影响因素，采取措施以减少生态环境影响。

Ⅱ. 本段线路占用经济土地的比例较大，施工中应结合线路具体情况，采取相应防护措施，尽量减少高填深挖，合理调配土方，移挖作填减少施工土方工作量，或借土还田节省用地。

Ⅲ. 线路两侧地表原有植被和地表硬壳尽量不予破坏。路基边、路堑顶可铺种草皮，有条件的应在线路两侧种植防护林带，形成一条沿线绿色长廊，提高景观恢复率和景观协调度；在铁路车站、大桥、其他人为建筑物外侧可进行垂直绿化。

Ⅳ. 施工驻地、料场以及施工运输便道，在施工完毕后，应及时恢复曾遭到破坏的植被，进一步提高植被恢复率。施工期间严禁乱砍、乱伐、乱挖、滥烧，最大限度地保护自然植被。慎重选择铁路绿化物种，各树种采用当地树种。

⑤ 控制对人文景观影响的措施。

铁路的线路设计尽量依照自然地形地貌展布，避免高填深挖。对于不可避免的高填深挖，尽量采用缓坡，以使其看起来更接近自然状态。隧道的进出口设计尽量符合周围环境，车站建筑的色彩及对于视觉明度较高的大型建筑如大桥等应具有当地特色，注意与周围环境和景观的协调。

⑥ 控制施工扬尘的措施。

对未铺筑的临时道路和施工场地进行洒水，一日两次（上、下午各一次），以减轻扬尘污染,在干旱、大风天气要加强洒水次数。水泥、砂和石灰等散装物料的运输,要采取帆布遮盖。临时施工道路尽可能远离现有居民区。

（4）提高环保监理和管理工作水平。

① 搞好环保设施的竣工验收。由于铁路建设项目的环保设施分布在不同的线段区域,既有与站前工程相关的生态保护、减振降噪工程,又有与站后工程相关的水、气、声、渣、电磁波治理工程。这些环保设施随着站前、站后工程建设在不同时段完工,造成环保设施工程整体验收困难。加上建设周期长,涉及计划、设计、施工、运营、土地管理、环境保护众多部门,容易使环保设施竣工验收流于形式。因此,要加强环保设施的竣工验收工作。

② 对项目生命周期内的环保工作进行全过程的动态控制。铁路工程是线型工程,沿线各区域的功能划分、环境质量和环保目标是不相同的,应注意区别对待。环保监理工作者应对项目实现跟踪监测、动态评价和全过程控制,随时发现问题,随时提出相应污染控制与防治对策并付诸实施。

（5）加强公众参与制度,提高社会监督能力。

公众参与在环境保护中的作用是提高环境保护执行的有效性,通过公众参与建立决策者、管理者、咨询专家以及公众之间良性有效的信息交流机制,将受影响群体的意见反馈给环境保护的其他主体人群,提高决策的质量。让广大人民群众参与到铁路建设项目环境保护工作中来,是我国环境保护工作的一大进步。一方面,加强公众参与力度,可提高全民的环保意识;另一方面,公众环保意识的提高能够使其自觉地参与到环境保护工作中来,既保护了人民大众自身的合法权益,也促成了环境质量的提高。

总之,无论是历史的经验还是现实的环境状况,都要求中国不能以牺牲环境作为代价来发展经济,即走"先污染,后治理"的老路,而应该走环境可持续发展的道路,坚持"先评价,后建设"的环境影响评价制度。我国正处在经济高速发展的时期,通过加强绿色铁路评价工作,可以从侧面验证铁路建设环境影响评价所得到的结论和措施是否正确,是否促使铁路建设符合可持续发展战略,做到发现问题,及时补救。只有这样,才能促使我国铁路建设工作水平不断提高,促进铁路运输和区域社会、经济、资源、环境的协调发展。

5.2 青藏铁路的绿色铁路评价

青藏铁路是全球海拔最高的铁路,它穿越了"世界屋脊"青藏高原。青藏高原是中国最大、世界海拔最高的高原。那里具有独特的气候条件,连片的冻土、湖盆、湿地及缓丘构成的原始高原面,保存有相对完整的由高寒灌丛、高寒草甸、高寒草原、高寒荒漠组成的高寒生态系统,在世界高寒地区生态系统中占有极其重要的地位。本书选取了具有代表性的格尔木至拉萨段的铁路进行绿色铁路评价。

5.2.1 青藏铁路格拉段概况

5.2.1.1 青藏铁路格拉段工程概况

青藏铁路格尔木至拉萨段位于青藏高原腹地,跨越青海、西藏两省区,线路北起青海省西部重镇格尔木市,基本沿青藏公路南行,途经纳赤台、五道梁、沱沱河沿、雁石坪,翻越唐古拉山进入西藏自治区境内后,经安多、那曲、当雄至西藏自治区首府拉萨市,全长 1 142 km,其中新建 1 110 km。线路经过海拔 4 000 m 以上的地段 960 km,翻越唐古拉山的铁路最高点海拔 5 072 m,经过连续多年冻土区 550 km,是世界上海拔最高、线路最长、自然环境条件最艰苦、自然生态最脆弱的高原铁路。

该线设计输送能力为客车 8 对,单向货流密度 500 万吨。全线桥隧工程约占线路总长的 15%;新建桥梁 159 879 延长米,涵洞 35 611 横延米;新建隧道 9 527 延长米/7 座;新建格尔木、南山口、沱沱河、安多、那曲、当雄、羊八井、拉萨西、拉萨等 9 个有人值守车站,玉珠峰、沱沱河、布强格、唐古拉山、措那湖等 9 个景观站和 25 个无人值守车站;工程土石方总量约 7 807 万立方米,征地 127 996.4 亩。于 2001 年 6 月 29 日开工建设,2005 年 10 月 15 日全线贯通,并于 2006 年 7 月 1 日全线建成投入试运行。工程概算总额约 330.9 亿,环保投资 15.4 亿元,占总投资的 4.6%。

5.2.1.2 青藏铁路格拉段工程所在区域自然生态概况

青藏铁路格拉段所在的青藏高原素有"世界屋脊""地球第三极"之称,其具有独特的气候条件,连片的冻土、湖盆、湿地及缓丘构成的原始高原面,保存有相对完整的由高寒灌丛、高寒草甸、高寒草原、高寒荒漠组成的高寒生态系统。在这个独特的高寒自然环境和高寒生物区系中,尤以高寒草原、高寒草甸分布最广,并且在亚洲和世界高寒地区中均具有代表性,至今还基本保持着原始的自然演变过程。

青藏高原具有丰富的珍稀特有物种,动植物物种虽少,但珍稀特有物种较多,种群数量大。常见的哺乳类动物共 16 种,其中 11 种为青藏高原特有种;鸟类约 30 种,其中 7 种为青藏高原特有种;植物种类有 486 种,其中 80 以上为高原特有种。属国家一级保护的动物主要有藏羚羊、藏野驴、野牦牛、白唇鹿、雪豹、藏雪鸡、黑颈鹤等，属国家二级保护的动物有岩羊、盘羊、黄羊、猞猁、棕熊、斑头雁等。

青藏高原具有多样的自然景观，其自东南向西北呈现高寒灌丛—高寒草甸—高寒草原—高寒荒漠更替。既有由这些生态系统组成的水平地带系列，又有由高寒草甸、高寒草原、冰雪带等组成的垂直高寒生态景观。同时，在水平地带系列中还间布有一定面积的沼泽植被、垫状植被，更增加了自然景观的多样性。

青藏高原广泛分布有高寒湿地，主要类型有河床型、沼泽型和湖泊型三类。其中著名的有聂荣、安多沼泽湿地和那曲沼泽湿地两块，主要分布在唐古拉山至错那湖段，已被列入中国湿地保护行动计划中。

青藏高原由于海拔高、空气稀薄、气候寒冷、干旱等，生态系统中物质循环和能量的转换过程缓慢，致使本区生态环境十分脆弱。长期低温和短促的生长季节使寒冷地区的植被一旦破坏，恢复十分缓慢，而且加速冻土融化，引起土壤沙化和水土流失。

由于青藏高原具有独特的自然环境和对全球环境具有特殊意义，因此在青藏高原适合建立大面积的自然保护区。青藏铁路沿线分布有 5 个已建的自然保护区、6 个规划的自然保护区及 1 个特殊生态功能区。其中，有著名的可可西里国家级自然保护区、三江源自然保护区及西藏色林错黑颈鹤自然保护区等。

青藏高原是我国和南亚地区的"江河源"，长江、黄河、怒江、澜沧江、雅鲁藏布江等许多大江、大河都源自这里。

青藏高原的生态环境具有原始、独特、脆弱、敏感等特点，因此在青藏铁路设计和施工中有效地保护生态环境，是青藏铁路建设的重要任务，也是国内外关注的焦点。党中央、国务院对青藏铁路建设的生态环境保护问题极为重视。江泽民同志亲笔题写了"自然保护区的问题还是要力求解决好"的重要批示。朱镕基同志要求"一定要认真贯彻国务院有关加强保护青藏高原生态环境的精神，十分爱护青海、西藏的生态环境，十分爱护青海、西藏的一草一木，精心保护我们祖国的每一寸绿地"。国家和铁道部专门成立了青藏铁路建设领导小组和相应的工作机构，受国务院委托主抓青藏铁路建设，其肩负党和人民重托，努力实践"三个代表"重要思想，全面落实科学发展观要求，把保护生态环境、实施可持续发展作为自己的神圣职责；提出了"拼搏奉献，依靠科技，保障健康，爱护环境，争创一流"的建设方针，并在借鉴国内外重大工程环保建设工作经验的基础上，结合青藏铁路建设实际，提出了努力建设具有高原特色的生态环保型铁路的建设目标，严格要求环保设施与主体工程同时设计、同时施工、同时投产。

5.2.2　青藏铁路格拉段绿色铁路评价指标权重集的选定

　　青藏铁路格拉段深入素有"世界屋脊""地球第三极"之称的青藏高原腹地，该地区海拔高、空气稀薄、气候干寒、生物量低、生物链简单、生态系统中物质循环和能量的转换过程缓慢，生态十分脆弱，具有极强的不可逆转性。根据青藏线格拉段所在的青藏高原属生态极端脆弱区的这一特点，确定青藏线格拉段绿色评价指标各子系统权重为{设计期，施工期，运营期}={0.666 7，0.266 7，0.066 7}。说明对于青藏线的建设而言，重点是做好设计阶段的工作，对各项可能产生的环境污染和生态破坏给予充分的估计和论证，并尽可能完备地反映在相关的设计文件中，以指导后续的保护工作。而施工期则重点是不折不扣地执行和完善设计中提到的保护措施，并将其在实践中具体落实和体现。相对来说，运营期的管理和维护处于次要的地位。

5.2.3　青藏铁路格拉段建设各阶段工作情况及评价数据整理

　　通过查阅青藏线格拉段工程资料及批复文件、环境影响报告书及批复文件、竣工环境保护验收调查报告等资料，并根据现场调研情况，对青藏铁路格拉段建设各阶段工作情况及评价数据进行分析处理。

5.2.3.1　设计阶段

　　在工程科研和选线阶段，环评编制单位积极介入工程科可研设计中，从环境保护的角度分析初选线路方案与各类自然保护区、野生动植物分布区的位置关系和影响，同时与铁道部主管部门、合作单位、自然保护区主管部门等单位积极沟通，通过调研、现场踏勘，完成"青藏线格拉段自然保护区、野生动物专题报告"。为了保护青藏铁路沿线的自然保护区和野生动物生活环境，工程设计中对穿过可可西里、楚玛尔河、索加等自然保护区试验区的线路区段进行了多方案比选，将工程活动尽量局限在线路两侧一定范围内，以减少对环境的干扰。优化了工程穿越可可西里、三江源等自然保护区路段的线路方案，减缓了对保护区的切割和完整性的影响。进入西藏后，为保护林周彭波黑颈鹤自然保护区，选择了羊八井方案，绕避了黑颈鹤保护区，并根据沿线野生动物的习性、迁徙规律，通过调查研究，工程在相应路段设置了野生动物通道和畜牧、行人通道。

　　为避免因路基工程对地表漫流阻隔和工程取弃土（渣）场的占用湿地，而造成湿地的生态功能退化，引起湿地萎缩，设计中对线位和取弃土（渣）场的选择做了充分比选，尽量绕避湿地；无法绕避时，对通过湖泊、湿地进行桥路方案比选，并尽量选择以桥代路方案。为了避免路基建筑对地表径流的切割影响，在相应路段加大了涵洞设置数量，以保证地表径流对湿地水资源的补充，防止湿地萎缩。

在工程景观保护工作中则采取了景观保护、景观恢复和景观设计等措施。通过工程优化、变更，尽量在施工前将工程对高原景观的扰动和破坏程度控制在可接受范围内，如要求临时工程使用完毕后及时进行环境恢复和景观美化；针对高原特点对沿线车站和拉萨河特大桥等处专门进行了景观设计；沿线车站站房在设计中也结合地域特点，融入了藏式建筑风格和审美习惯，力图将青藏铁路与高原景观融为一体。

为了及时贯彻环评成果指导设计并为设计服务的思想，环评单位编制完成了《青藏线格拉段环境影响评价总体设想》《青藏铁路格拉段主要环境敏感问题》《青藏铁路格拉段环评技术路线和思想》《青藏铁路格拉段设计和施工期的环境保护措施》《青藏铁路格拉段沿线的归化标准》等文件，并确定了"预防为主、保护优先，开发与保护并重及环评成果指导设计、施工、环境管理"的原则，从指导思想上，为青藏线的生态环境保护提供了有力的环境管理保障。

5.2.3.2 施工阶段

在施工阶段，设计、施工以及管理等单位在建设过程中也不断沟通，根据实际情况实施了取土场、砂石料场的核对优化，野生动物通道的优化设计、色林错自然保护区路段的优化设计。采取绕避、以桥代路、设置加筋挡墙、抛填片石、填筑渗水材料及改移车站等措施减少路基穿越湿地的长度和占用的面积，保护湿地生态系统，将植被恢复与再造试验研究成果应用于工程中。

为了保护青藏高原特殊的植被系统，工程有针对性地采取了多项措施。合理规划施工便道、施工场地、取弃土场和施工营地，严格划定施工范围和人员、车辆行走路线，防止对施工范围之外区域的植被造成碾压和破坏；对施工范围内的地表植被，施工前先将草皮移地保存，施工中或施工后及时覆盖到已完工路段的路基边坡或施工场地表面；对昆仑山以南自然条件允许的地段，工程中安排了有关植被恢复工程，采取选育当地高原草种播种植被和使用部分当地草甸采用根系繁殖方式再造植被。

为了保持冻土环境稳定和避免对沿线原生的自然景观产生影响，工程采取了路基填方集中设置取土场，取、弃土场尽量远离铁路设置并做好表面植被恢复。对挖方地段，在路基基底铺设特殊保温材料并换填非冻胀土，避免影响冻土上限和产生路基病害，以确保路基两侧区域冻土层的稳定。

为减轻因施工带来的水土流失，青藏铁路主体工程的水土流失防治采用了工程措施和植物措施相结合的方式，包括路基坡面防护工程、防冲刷工程及挡土墙工程。同时还在土质路堤、路堑边坡等适宜植草地段（主要是安多以南地区）辅以生物措施。临时工程施工结束后及时实施了以工程措施和土地整治措施为主、生物措施为辅的恢复措施。

面对青藏铁路建设环境保护工作的艰巨性和复杂性，青藏铁路建设总指挥部为全面贯彻"预防为主、保护优先、开发与保护并重"的环保工作原则，确保青藏铁路施工对沿线区域原始生态环境的影响程度减至最小，创造性地建立了由青藏铁路建设总指挥部统一组织领导，施工单位具体落实并承担责任，工程监理单位负责施工过程环保工作日常监理，环保监理单位对施工单位和工程监理单位的环保工作质量实施全面监控的"四位一体"的环保管理模式。首次在国内铁路建设中推行环保监理制度，对施工期的环境保护工作进行了全过程的监督管理。自2002年实施环保监理以来，环保监理站赴现场重点检查8 300余点次，如期完成了月度、季度、年度监理报告。对存在的问题共计发出环保监理通知91份，备忘录66份，环保验收整改通知35份，对430余处工点提出整改要求，有效地保证了各项环保措施有效落实的程度和质量。

5.2.3.3 试运营阶段

2006年7月1日，青藏线正式开通试运营。全线设车站45座，其中有人值守9座，另设桥隧守护点7处。针对高寒缺氧环境下的污水处理工艺问题，进行了系统化研究，开发了沱沱河车站满足《生活饮用水水源水质标准》（CJ 3020—93）二级标准和其他站点满足《污水综合排放标准》（GB 8978—1996）一级标准的整套污水处理工艺流程和设备。据现场调查，工程设计和环评中提出的各项水污染控制设施均已基本建成，各车站排水水质在投运初期均能满足相应标准限值的要求。在冬季，污水处理设施出现了渗漏、管道伴热电缆故障等问题，导致污水处理设施不能正常运行。但经修复后投入使用，各污水处理装置运行状态良好，各车站排水均可满足相应标准限值要求。列车采用封闭式运营，运行中的污水集中收集不排放。在格尔木站经化粪池处理后排入市政管网（格尔木城市污水处理厂已建成），在拉萨站送站内污水处理厂处理。

试运行期列车垃圾在格尔木站和拉萨站收集送至地方垃圾场集中处理，吸氧管委托专门部门回收利用。工程沿线站区生活垃圾由玉峰公司（代维公司）定期收集，运至格尔木或拉萨处理；格尔木站和拉萨站生活垃圾由地方环卫集中清运。

项目近期采用 NJ2 型内燃机车，车流量为 6 对/日；全线除在格尔木增设 1 台燃气锅炉、拉萨西站增设 2 台燃柴油锅炉、拉萨站增设 7 台燃柴油锅炉外，其他均采用电和太阳能供热方式。锅炉运行状况良好，烟尘、SO_2、NO_x 均远低于《锅炉大气污染物排放标准》（GB 13271—2001）二类区Ⅱ时段标准限值。各敏感点声环境质量和振动环境均可满足相应限值要求。据调查，93.6%的公众对工程建设的环境保护表示"满意"和"基本满意"，走访的藏民中有占 96.9%对工程环境保护表示"满意"和"基本满意"。

5.2.3.4 青藏线格拉段绿色铁路评价数据整理

通过对青藏线格拉段的资料分析，得出基础数据，如表 5.36 所示。其中，专家评判法中为了客观科学，由我国铁路交通领域 20 名经验丰富的专家，通过咨询表打分获得青藏线格拉段 Delphi 评分数据。

表 5.36 青藏线格拉段基础数据

目标	评价子系统	一级指标层	二级指标层	单位	数据
生态脆弱区铁路绿色评价指标体系	设计期	土地利用	基本农田占用比	%	3.4
			挖填平衡率	%	92.5
		生物生境	桥隧比	%	14.8
			栖息地补偿率	%	1.8
			特殊生境的保护		8.0
		环境管理	环境影响评价工作完成质量		9.5
			环保投资比例	%	3.9
		敏感点的保护	敏感点绕避率	%	5.7
		自然保护区的保护	线路与自然保护区的距离	km	<0
			线路穿越自然保护区试验区的长度比例	%	95.0
			占用保护区的面积比例	%	1.7
		湿地的保护	占用湿地面积比例	%	0.2
		野生动物保护	野生动物保护设施设置率	%	100.0
		景观	景观协调度		8.5
			景观完整性		0.9
	施工期	植被保护	优势种的综合优势比变化率	%	22.1
			植物物种丰富度降低率	%	26.0

续表 5.36

目标	评价子系统	一级指标层	二级指标层	单位	数据
生态脆弱区铁路绿色评价指标体系	施工期	水土保持	扰动土地整治率	%	94.6
			水土流失总治理度	%	94.1
			土壤流失控制比		>0.9
			拦渣率	%	100.0
			植被恢复系数	%	95.0
			林草覆盖度	%	15.0
			地下水的保护		7.5
		土壤质量	土壤肥力平均降低率	%	18.3
			土壤总孔隙度变化率	%	<20
		景观	工程景观恢复率	%	85.0
		水环境	施工对水环境的影响程度		9.0
			施工期地表水监测达标率	%	100.0
		大气环境	扬尘监测达标率	%	100.0
			环境空气监测达标率	%	100.0
		声学环境	噪声监测达标率	%	90.0
		固体废物	施工期固废处置率	%	95.0
		环境管理	施工期环境监理		8.0
			环保投资实际比例	%	4.7
	运营期	固体废物	列车集便废水集中处理率	%	100.0
			列车垃圾处置率	%	100.0
		水环境	站段废水达标率	%	96.3
		声学环境	沿线噪声达标率	%	100.0
		振动	振动达标率	%	100.0
		大气环境	烟气达标排放率	%	100.0
			扬尘监测达标率	%	100.0
			清洁能源利用		7.5
		电磁	电磁感知度	%	>9
		野生动物保护	野生动物保护设施利用有效率	%	78.8
		环境管理	环保设施正常运转率	%	87.5
		安全保障	线路优良率	%	99.8
			群众满意度	%	93.6

注：对于本表中无法直接获取数据的指标使用专家评分法（Delphi）进行 1~9 评分并进行定量化，然后将多位专家的评分值进行平均获得。

5.2.4 青藏铁路格拉段各阶段的模糊综合评价

我们按照是否达到绿色铁路的要求以及达到绿色铁路要求的程度，将铁路绿色评价体系的评判集 V 划分为 5 个等级，即 v_1（不达标）、v_2（部分达标）、v_3（基本达标）、v_4（达标）、v_5（完全达标）。因素集全部用 U 来表示。

5.2.4.1 设计期的模糊综合评价

（1）土地利用的评判（U_{11}），见表 5.37。

表 5.37 土地利用的数据

因素集 U_{11}	原始数据	评判集 V_{11}				
		v_1	v_2	v_3	v_4	v_5
u_{111} 基本农田占用比	3.4	0	0	0	0	1
u_{112} 挖填平衡率	925.464 9	1	0	0	0	0

故 U_{11} 的单因素评判矩阵 R_{11} 为

$$R_{11} = \begin{bmatrix} 0 & 0 & 0 & 0 & 1 \\ 1 & 0 & 0 & 0 & 0 \end{bmatrix}$$

权重见前面层次分析法得到的三级指标的权重集。利用加权平均模型 $M(+,\cdot)$ 算子，即对土地利用的初级评判结果为

$$B_{11} = A_{11} \times R_{11}$$

$$= (0.833\ 3,\ 0.166\ 7) \times \begin{bmatrix} 0 & 0 & 0 & 0 & 1 \\ 1 & 0 & 0 & 0 & 0 \end{bmatrix}$$

$$= (0.166\ 7,\ 0,\ 0,\ 0,\ 0.833\ 3)$$

因 B_{11} 已经满足归一化的要求，故

$$B_{11}^* = B_{11}$$

（2）生物生境的评判（U_{12}），见表 5.38。

表 5.38 生物生境的数据

因素集 U_{12}	原始数据	评判集 V_{12}				
		v_1	v_2	v_3	v_4	v_5
u_{121} 桥隧比	14.8	0	0	1	0	0
u_{122} 栖息地补偿率	1.81	0	0	1	0	0
u_{123} 特殊生境的保护	8	0	0	0	0	1

计算方式同 U_{11}，利用加权平均模型 $M(+,\cdot)$ 算子，即对生物生境的初级评判结果为

$$B_{12}=A_{12}\times R_{12}$$

$$=(1/3,\ 1/3,\ 1/3)\times\begin{bmatrix}0&0&1&0&0\\0&0&1&0&0\\0&0&0&0&1\end{bmatrix}$$

$$=(0,\ 0,\ 2/3,\ 0,\ 1/3)$$

因 B_{12} 已经满足归一化的要求，故

$$B_{12}^{*}=B_{12}$$

（3）环境管理的评判（U_{13}），见表 5.39。

表 5.39　环境管理的数据

因素集 U_{13}	原始数据	评判集 V_{13}				
		v_1	v_2	v_3	v_4	v_5
u_{131} 环境影响评价工作完成质量	9.5	0	0	0	0	1
u_{132} 环保投资比例	3.894 5	0	0	0	0	1

$$B_{13}=A_{13}\times R_{13}$$

$$=(0.666\ 7,\ 0.333\ 3)\times\begin{bmatrix}0&0&0&0&1\\0&0&0&0&1\end{bmatrix}$$

$$=(0,\ 0,\ 0,\ 0,\ 1)$$

因 B_{13} 已经满足归一化的要求，故

$$B_{13}^{*}=B_{13}$$

（4）敏感点的保护的评判（U_{14}），见表 5.40。

表 5.40　敏感点的保护的数据

因素集 U_{14}	原始数据	评判集 V_{14}				
		v_1	v_2	v_3	v_4	v_5
u_{141} 敏感路段绕避率	5.65	0	0	0	1	0

故可知 $B_{14}=A_{14}\times R_{14}=R_{14}$，且 B_{14} 已经满足归一化的要求，故

$$B_{14}^{*}=B_{14}=(0,\ 0,\ 0,\ 1,\ 0)$$

（5）自然保护区的保护的评判（U_{15}），见表 5.41。

表 5.41 自然保护区的保护的数据

因素集 U_{15}	原始数据	评判集 V_{15}				
		v_1	v_2	v_3	v_4	v_5
u_{151} 线路与自然保护区的距离	<0	1	0	0	0	0
u_{152} 线路穿越自然保护区试验区的长度比例	95	1	0	0	0	0
u_{153} 占用保护区的面积比例	1.736	0	1	0	0	0

$$B_{15} = A_{15} \times R_{15}$$

$$= (0.764\,1,\ 0.114\,9,\ 0.121) \times \begin{bmatrix} 1 & 0 & 0 & 0 & 0 \\ 1 & 0 & 0 & 0 & 0 \\ 0 & 1 & 0 & 0 & 0 \end{bmatrix}$$

$$= (0.879,\ 0.121,\ 0,\ 0,\ 0)$$

此结果已满足归一化的要求。

（6）湿地的保护的评判（U_{16}），见表 5.42。

表 5.42 湿地的保护的数据

因素集 U_{16}	原始数据	评判集 V_{16}				
		v_1	v_2	v_3	v_4	v_5
u_{161} 占用湿地面积比例	0.22	0	0	0	0	1

故可知 $B_{16} = A_{16} \times R_{16} = R_{16} = (0,\ 0,\ 0,\ 0,\ 1)$，且已经满足归一化的要求。

（7）野生动物保护的评判（U_{17}），见表 5.43。

表 5.43 野生动物保护的数据

因素集 U_{17}	原始数据	评判集 V_{17}				
		v_1	v_2	v_3	v_4	v_5
u_{171} 野生动物保护设施设置率	100	0	0	0	0	1

故可知 $B_{17} = A_{17} \times R_{17} = R_{17} = (0,\ 0,\ 0,\ 0,\ 1)$，且已经满足归一化的要求。

（8）景观的评判（U_{18}），见表 5.44。

表 5.44 景观的数据

因素集 U_{18}	原始数据	评判集 V_{18}				
		v_1	v_2	v_3	v_4	v_5
u_{181} 景观协调度	8.5	0	0	0	0	1
u_{182} 景观完整性	0.913	0	0	0	0	1

$$B_{18}=A_{18}\times R_{18}=(0.5,0.5)\times\begin{bmatrix}0&0&0&0&1\\0&0&0&0&1\end{bmatrix}=(0,0,0,0,1)$$

故青藏铁路设计期的综合评判如表 5.45 所列。

表 5.45　青藏铁路设计期的综合评判数据

因素集 U_1	权重集 A_1	评判集 V_1				
		v_1	v_2	v_3	v_4	v_5
u_{11} 土地利用	0.215	0.166 7	0	0	0	0.833 3
u_{12} 生物生境	0.174	0	0	2/3	0	1/3
u_{13} 环境管理	0.167	0	0	0	0	1
u_{14} 敏感点的保护	0.111	0	0	0	1	0
u_{15} 自然保护区的保护	0.111	0.879	0.121	0	0	0
u_{16} 湿地的保护	0.056	0	0	0	0	1
u_{17} 野生动物保护	0.056	0	0	0	0	1
u_{18} 景观	0.111	0	0	0	0	1

$$B_1=A_1\times R_1=(0.215,0.174,0.167,0.111,0.111,0.056,0.056,0.111)\times$$

$$\begin{bmatrix}0.1667&0&0&0&0.8333\\0&0&2/3&0&1/3\\0&0&0&0&1\\0&0&0&1&0\\0.879&0.121&0&0&0\\0&0&0&0&1\\0&0&0&0&1\\0&0&0&0&1\end{bmatrix}$$

$$=(0.133\,4,0.013\,4,0.116\,0,0.111\,0,0.627\,2)$$

将 B_1 归一化得

$$B_1^*=(0.133\,3,0.013\,4,0.115\,9,0.110\,9,0.626\,5)$$

最后综合评判结果表明,青藏铁路格拉段设计期的绿色态势如表 5.46 所示。

表 5.46　青藏铁路格拉段设计期的绿色综合评价态势

评判结果	v_1 不达标	v_2 部分达标	v_3 基本达标	v_4 达标	v_5 完全达标
数值	0.133 3	0.013 4	0.115 9	0.110 9	0.626 5
比率/%	13.33%	1.34%	11.59%	11.09%	62.65%

其综合价值系数评价为:

运用铁路绿色评价体系所述的方法，将评语集赋予对应的等级矩阵值 C。根据 Saaty 提出的 $1\sim9$ 比率标度法，取 $C=\{1，3，5，7，9\}$。因此，青藏铁路格拉段设计期的综合价值系数为

$$P_1=B_1\times C^{\mathrm{T}}=(0.133\,3，0.013\,4，0.115\,9，0.110\,9，0.626\,5)\times(1，3，5，7，9)^{\mathrm{T}}$$
$$=7.168$$

可知，青藏铁路格拉段设计期的总体评分为 7.168 分，符合达标等级标准。

5.2.4.2 施工期的模糊综合评价

（1）植被保护的评判（U_{21}），见表 5.47。

表 5.47　植被保护的数据

因素集 U_{21}	原始数据	评判集 V_{21}				
		v_1	v_2	v_3	v_4	v_5
u_{211} 优势种的综合优势比变化率	22.14	0	0	0	1	0
u_{212} 植物物种丰富度降低率	25.96	0	0	0	1	0

$$B_{21}=A_{21}\times R_{21}=(0.5，0.5)\times\begin{bmatrix}0&0&0&1&0\\0&0&0&1&0\end{bmatrix}=(0，0，0，1，0)$$

（2）水土保持的评判（U_{22}），见表 5.48。

表 5.48　水土保持的数据

因素集 U_{22}	原始数据	评判集 V_{22}				
		v_1	v_2	v_3	v_4	v_5
u_{221} 扰动土地整治率	94.600 0	0	0	1	0	0
u_{222} 水土流失总治理度	94.100 0	0	0	1	0	0
u_{223} 土壤流失控制比	0.9	0	0	0	0	1
u_{224} 拦渣率	100.000 0	0	0	0	1	0
u_{225} 植被恢复系数	95.000 0	0	0	1	0	0
u_{226} 林草覆盖度	15.000 0	0	1	0	0	0
u_{227} 地下水的保护	7.500 0	0	0	0	1	0

$$B_{22}=A_{22}\times R_{22}=(0.067\,4，0.208\,7，0.374\,3，0.139\,8，0.069\,9，0.069\,9，0.069\,9)\times$$
$$\begin{bmatrix}0&0&1&0&0\\0&0&1&0&0\\0&0&0&0&1\\0&0&0&1&0\\0&0&1&0&0\\0&1&0&0&0\\0&0&0&1&0\end{bmatrix}$$

$$= (0, 0.0699, 0.3460, 0.2097, 0.3743)$$

（3）土壤质量的评判（U_{23}），见表 5.49。

表 5.49　土壤质量的数据

因素集 U_{23}	原始数据	评判集 V_{23}				
		v_1	v_2	v_3	v_4	v_5
u_{231} 土壤肥力平均降低率	18.32	0	0	0	0	1
u_{232} 土壤总孔隙度变化率	<20	0	0	0	0	1

$$\boldsymbol{B}_{23} = \boldsymbol{A}_{23} \times \boldsymbol{R}_{23} = (0.5, 0.5) \times \begin{bmatrix} 0 & 0 & 0 & 0 & 1 \\ 0 & 0 & 0 & 0 & 1 \end{bmatrix}$$

$$= (0, 0, 0, 0, 1)$$

（4）景观的评判（U_{24}），见表 5.50。

表 5.50　景观的数据

因素集 U_{24}	原始数据	评判集 V_{24}				
		v_1	v_2	v_3	v_4	v_5
u_{241} 工程景观恢复率	85	0	0	0	0	1

故可知 $\boldsymbol{B}_{24} = \boldsymbol{A}_{24} \times \boldsymbol{R}_{24} = \boldsymbol{R}_{24} = (0, 0, 0, 0, 1)$，已经满足归一化的要求。

（5）水环境的评判（U_{25}），见表 5.51。

表 5.51　水环境的数据

因素集 U_{25}	原始数据	评判集 V_{25}				
		v_1	v_2	v_3	v_4	v_5
u_{251} 施工对水环境的影响程度	9	0	0	0	1	0
u_{252} 施工期地表水监测达标率	100	0	0	0	0	1

$$\boldsymbol{B}_{25} = \boldsymbol{A}_{25} \times \boldsymbol{R}_{25} = (0.5, 0.5) \times \begin{bmatrix} 0 & 0 & 0 & 1 & 0 \\ 0 & 0 & 0 & 0 & 1 \end{bmatrix} = (0, 0, 0, 0.5, 0.5)$$

（6）大气环境的评判（U_{26}），见表 5.52。

表 5.52　大气环境的数据

因素集 U_{26}	原始数据	评判集 V_{26}				
		v_1	v_2	v_3	v_4	v_5
u_{261} 施工对水环境的影响程度	100	0	0	0	0	1
u_{262} 施工期地表水监测达标率	100	0	0	0	0	1

$$B_{26} = A_{26} \times R_{26} = (0.5, 0.5) \times \begin{bmatrix} 0 & 0 & 0 & 0 & 1 \\ 0 & 0 & 0 & 0 & 1 \end{bmatrix} = (0, 0, 0, 0, 1)$$

（7）声学环境的评判（U_{27}），见表 5.53。

表 5.53 声学环境的数据

因素集 U_{27}	原始数据	评判集 V_{27}				
		v_1	v_2	v_3	v_4	v_5
u_{271} 噪声监测达标率	90	0	0	0	1	0

故 $B_{27} = A_{27} \times R_{27} = R_{27} = (0, 0, 0, 1, 0)$。

（8）固体废物的评判（U_{28}），见表 5.54。

表 5.54 固体废物的数据

因素集 U_{28}	原始数据	评判集 V_{28}				
		v_1	v_2	v_3	v_4	v_5
u_{281} 噪声监测达标率	95	0	0	0	1	0

故 $B_{28} = A_{28} \times R_{28} = R_{28} = (0, 0, 0, 1, 0)$。

（9）环境管理的评判（U_{29}），见表 5.55。

表 5.55 环境管理的数据

因素集 U_{26}	原始数据	评判集 V_{26}				
		v_1	v_2	v_3	v_4	v_5
u_{261} 施工期环境监理	8	0	0	0	0	1
u_{262} 环保投资实际比例	4.65	0	0	0	0	1

$$B_{29} = A_{29} \times R_{29} = (0.8, 0.2) \times \begin{bmatrix} 0 & 0 & 0 & 0 & 1 \\ 0 & 0 & 0 & 0 & 1 \end{bmatrix} = (0, 0, 0, 0, 1)$$

故青藏铁路格拉段施工期的综合评判如表 5.56 所列。

表 5.56 青藏铁路格拉段施工期的综合评判数据

因素集 U_2	权重集 A_2	评判集 V_2				
		v_1	v_2	v_3	v_4	v_5
u_{21} 植被保护	0.049	0	0	0	1	0
u_{22} 水土保持	0.301	0	0.069 9	0.346	0.209 7	0.374 3
u_{23} 土壤质量	0.044	0	0	0	0	1
u_{24} 景观	0.087	0	0	0	0	1

续表 5.56

因素集 U_2	权重集 A_2	评判集 V_2				
		v_1	v_2	v_3	v_4	v_5
u_{25} 水环境	0.087	0	0	0	0.5	0.5
u_{26} 大气环境	0.087	0	0	0	0	1
u_{27} 声学环境	0.044	0	0	0	1	0
u_{28} 固体废物	0.082	0	0	0	1	0
u_{29} 环境管理	0.219	0	0	0	0	1

$$B_2 = A_2 \times R_2 = (0.049,\ 0.301,\ 0.044,\ 0.087,\ 0.087,\ 0.087,\ 0.044,\ 0.082,\ 0.219) \times$$

$$\begin{pmatrix} 0 & 0 & 0 & 1 & 0 \\ 0 & 0.069\,9 & 0.346 & 0.209\,7 & 0.374\,3 \\ 0 & 0 & 0 & 0 & 1 \\ 0 & 0 & 0 & 0 & 1 \\ 0 & 0 & 0 & 0.5 & 0.5 \\ 0 & 0 & 0 & 0 & 1 \\ 0 & 0 & 0 & 1 & 0 \\ 0 & 0 & 0 & 1 & 0 \\ 0 & 0 & 0 & 0 & 1 \end{pmatrix}$$

$$= (0,\ 0.021\,0,\ 0.104\,1,\ 0.281\,6,\ 0.593\,2)$$

最后综合评判结果表明,青藏铁路格拉段施工期的绿色态势如表 5.57 所示。

表 5.57　青藏铁路格拉段施工期的绿色综合评价态势

评判结果	v_1 不达标	v_2 部分达标	v_3 基本达标	v_4 达标	v_5 完全达标
数值	0	0.021	0.104 1	0.281 6	0.593 2
比率 / %	0	2.1	10.41	28.16	59.32

其综合价值系数评价为:

运用铁路绿色评价体系所述的方法,将评语集赋予对应的等级矩阵值 C。根据 Saaty 提出的 1~9 比率标度法,取 $C = \{1,\ 3,\ 5,\ 7,\ 9\}$。因此,青藏铁路格拉段施工期的综合价值系数为

$$P_2 = B_2 \times C^{\mathrm{T}} = (0,\ 0.021\,0,\ 0.104\,1,\ 0.281\,6,\ 0.593\,2) \times (1,\ 3,\ 5,\ 7,\ 9)^{\mathrm{T}}$$
$$= 7.893\,7$$

可知,青藏铁路格拉段施工期的总体评分为 7.893 7 分,符合达标等级标准。

现综合考虑青藏铁路格拉段设计期和施工期的综合评判数据,由指标体系

标准可知，设计期和施工期所占的比重分别为 0.67 和 0.266 7，将其归一化，得 A^{12}＝（0.715 3，0.284 7），见表 5.58。

表 5.58 青藏铁路格拉段设计期和施工期的综合评判数据

因素集 U^{12}	权重集 A^{12}	评判集 V^{12}				
		v_1	v_2	v_3	v_4	v_5
u_1^{12} 设计期	0.715 3	0.133 3	0.013 4	0.115 9	0.110 9	0.626 5
u_2^{12} 施工期	0.284 7	0	0.021	0.104 1	0.281 6	0.593 2

$$B^{12}＝A^{12} \times R^{12}$$
$$＝（0.715\ 3，0.284\ 7）\times \begin{bmatrix} 0.133\ 3 & 0.013\ 4 & 0.115\ 9 & 0.110\ 9 & 0.626\ 5 \\ 0 & 0.021 & 0.104\ 1 & 0.281\ 6 & 0.593\ 2 \end{bmatrix}$$
$$＝（0.095\ 3，0.015\ 6，0.112\ 5，0.159\ 5，0.617\ 0）$$

根据 Saaty 提出的 1～9 比率标度法，取 C＝{1，3，5，7，9}。综合考虑青藏铁路格拉段设计期和施工期的综合价值系数为

$$P_2＝B_2 \times C^{\mathrm{T}}＝(0.095\ 3，0.015\ 6，0.112\ 5，0.159\ 5，0.617\ 0)\times(1，3，5，7，9)^{\mathrm{T}}$$
$$＝7.374\ 4$$

故评判结果为符合达标等级标准。

5.2.4.3 运营期的模糊综合评价

（1）固体废物的评判（U_{31}），见表 5.59。

表 5.59 固体废物的数据

因素集 U_{31}	原始数据	评判集 V_{31}				
		v_1	v_2	v_3	v_4	v_5
u_{311} 列车粪便废水集中处理率	100	0	0	0	0	1
u_{312} 列车垃圾处置率	100	0	0	0	0	1

故 $B_{31}＝A_{31} \times R_{31}＝（0.5，0.5）\times \begin{bmatrix} 0 & 0 & 0 & 0 & 1 \\ 0 & 0 & 0 & 0 & 1 \end{bmatrix}＝（0，0，0，0，1）$。

（2）水环境的评判（U_{32}），见表 5.60。

表 5.60 水环境的数据

因素集 U_{32}	原始数据	评判集 V_{32}				
		v_1	v_2	v_3	v_4	v_5
u_{321} 站段废水达标率	96.3	0	0	0	0	1

故 $B_{32}＝A_{32} \times R_{32}＝R_{32}＝（0，0，0，0，1）$。

（3）声学环境的评判（U_{33}），见表5.61。

表 5.61   声学环境的数据

因素集 U_{33}	原始数据	评判集 V_{33}				
		v_1	v_2	v_3	v_4	v_5
u_{331} 沿线噪声达标率	100	0	0	0	0	1

故 $B_{33}=A_{33}\times R_{33}=R_{33}=(0,0,0,0,1)$。

（4）振动的评判（U_{34}），见表5.62。

表 5.62   振动的数据

因素集 U_{34}	原始数据	评判集 V_{34}				
		v_1	v_2	v_3	v_4	v_5
u_{341} 振动达标率	100	0	0	0	0	1

故 $B_{34}=A_{34}\times R_{34}=R_{34}=(0,0,0,0,1)$。

（5）大气环境的评判（U_{35}），见表5.63。

表 5.63   大气环境的数据

因素集 U_{35}	原始数据	评判集 V_{35}				
		v_1	v_2	v_3	v_4	v_5
u_{351} 烟气达标排放率	100	0	0	0	0	1
u_{352} 扬尘监测达标率	100	0	0	0	0	1
u_{352} 清洁能源利用	7.5	0	0	0	1	0

故 $B_{35}=A_{35}\times R_{35}=(0.2,0.2,0.6)\times\begin{bmatrix}0&0&0&0&1\\0&0&0&0&1\\0&0&0&1&0\end{bmatrix}=(0,0,0,0.6,0.4)$。

（6）电磁的评判（U_{36}），见表5.64。

表 5.64   电磁的数据

因素集 U_{36}	原始数据	评判集 V_{36}				
		v_1	v_2	v_3	v_4	v_5
u_{361} 电磁感知度	>9	0	0	0	1	0

故 $B_{36}=A_{36}\times R_{36}=R_{36}=(0,0,0,0,1)$。

（7）野生动物保护的评判（U_{37}），见表5.65。

表 5.65   野生动物保护的数据

因素集 U_{37}	原始数据	评判集 V_{37}				
		v_1	v_2	v_3	v_4	v_5
u_{371} 野生动物保护设施利用有效率	78.8	0	0	1	0	0

故 $\boldsymbol{B}_{37}=\boldsymbol{A}_{37}\times\boldsymbol{R}_{37}=\boldsymbol{R}_{37}=(0,0,1,0,0)$。

（8）环境管理的评判（$\boldsymbol{U}_{38}$），见表 5.66。

表 5.66　环境管理的数据

因素集 $\boldsymbol{U}_{38}$	原始数据	评判集 $\boldsymbol{V}_{38}$				
		v_1	v_2	v_3	v_4	v_5
u_{381} 环保设施正常运转率	87.5	0	0	0	1	0

故 $\boldsymbol{B}_{38}=\boldsymbol{A}_{38}\times\boldsymbol{R}_{38}=\boldsymbol{R}_{37}=(0,0,0,1,0)$。

（9）安全保障的评判（$\boldsymbol{U}_{39}$），见表 5.67。

表 5.67　安全保障的数据

因素集 $\boldsymbol{U}_{39}$	原始数据	评判集 $\boldsymbol{V}_{39}$				
		v_1	v_2	v_3	v_4	v_5
u_{391} 线路优良率	99.8	0	0	0	0	1
u_{392} 群众满意度	93.6	0	0	0	0	1

$$\boldsymbol{B}_{39}=\boldsymbol{A}_{39}\times\boldsymbol{R}_{39}=(0.333,0.667)\times\begin{bmatrix}0&0&0&0&1\\0&0&0&0&1\end{bmatrix}=(0,0,0,0,1)$$

故青藏铁路格拉段运营期的综合评判数据如表 5.68 所列。

表 5.68　青藏铁路格拉段运营期的综合评判数据

因素集 $\boldsymbol{U}_3$	权重集 $\boldsymbol{A}_3$	评判集 $\boldsymbol{V}_3$				
		v_1	v_2	v_3	v_4	v_5
u_{31} 固体废物	0.06	0	0	0	0	1
u_{32} 水环境	0.07	0	0	0	0	1
u_{33} 声学环境	0.132	0	0	0	0	1
u_{34} 振动	0.066	0	0	0	0	1
u_{35} 大气环境	0.132	0	0	0	0.6	0.4
u_{36} 电磁	0.066	0	0	0	1	0
u_{37} 野生动物保护	0.066	0	0	1	0	0
u_{38} 环境管理	0.198	0	0	0	1	0
u_{39} 安全保障	0.206	0	0	0	0	1

$\boldsymbol{B}_3=\boldsymbol{A}_3\times\boldsymbol{R}_3=(0.06,0.07,0.132,0.066,0.132,0.066,0.066,0.198,0.206)\times$

$$
\begin{bmatrix}
0 & 0 & 0 & 0 & 1 \\
0 & 0 & 0 & 0 & 1 \\
0 & 0 & 0 & 0 & 1 \\
0 & 0 & 0 & 0 & 1 \\
0 & 0 & 0 & 0.6 & 0.4 \\
0 & 0 & 0 & 1 & 0 \\
0 & 0 & 1 & 0 & 0 \\
0 & 0 & 0 & 1 & 0 \\
0 & 0 & 0 & 0 & 1
\end{bmatrix}
= (0, 0, 0.066\,0, 0.343\,2, 0.586\,8)
$$

将 $\boldsymbol{B}_3$ 归一化得

$$\boldsymbol{B}_3^* = (0, 0, 0.066\,3, 0.344\,6, 0.589\,2)$$

最后综合评判结果表明,青藏铁路格拉段运营期的绿色态势如表 5.69 所示。

表 5.69 青藏铁路格拉段运营期的绿色综合评价态势

评判结果	v_1 不达标	v_2 部分达标	v_3 基本达标	v_4 达标	v_5 完全达标
数值	0	0	0.066 3	0.344 6	0.589 2
比率/%	0	0	6.63	34.46	58.92

其综合价值系数评价为:

根据 Saaty 提出的 $1 \sim 9$ 比率标度法,取 $\boldsymbol{C} = \{1, 3, 5, 7, 9\}$。青藏铁路格拉段运营期的综合价值系数为

$$P_3 = \boldsymbol{B}_3 \times \boldsymbol{C}^{\mathrm{T}} = (0, 0, 0.066\,3, 0.344\,6, 0.589\,2) \times (1, 3, 5, 7, 9)^{\mathrm{T}}$$
$$= 8.045\,8$$

可知,青藏铁路格拉段施工期的总体评分为 8.045 8 分,评判结果为:符合达标等级标准。

5.2.4.5 综合评价结果分析

综合考虑青藏铁路格拉段设计期、施工期和运营期的综合评判数据,由指标体系标准可知,设计期和施工期所占的比重分别为 0.67、0.266 7 和 0.066 7,将其归一化,得 $\boldsymbol{A} = (0.667\,7, 0.265\,8, 0.066\,5)$,见表 5.70。

表 5.70 青藏铁路格拉段设计期和施工期的综合评判数据

因素集 U	权重集 A	评判集 V				
		v_1	v_2	v_3	v_4	v_5
u_1 设计期	0.667 7	0.133 3	0.013 4	0.115 9	0.110 9	0.626 5
u_2 施工期	0.265 8	0	0.021	0.104 1	0.281 6	0.593 2
u_3 运营期	0.066 5	0	0	0.066 3	0.344 6	0.589 2

$$B=A \times R = （ 0.667\,7，0.265\,8，0.066\,5 ） \times$$

$$\begin{bmatrix} 0.133\,3 & 0.013\,4 & 0.115\,9 & 0.110\,9 & 0.626\,5 \\ 0 & 0.021 & 0.104\,1 & 0.281\,6 & 0.593\,2 \\ 0 & 0 & 0.066\,3 & 0.344\,6 & 0.589\,2 \end{bmatrix}$$

$$= （ 0.089\,0，0.014\,5，0.109\,5，0.171\,8，0.615\,2 ）$$

根据 Saaty 提出的 1～9 比率标度法，取 $C=\{1，3，5，7，9\}$，综合考虑青藏铁路格拉段设计期、施工期和运营期的综合价值系数为

$$P_2 = B_2 \times C^{\mathrm{T}} = (0.089\,0，0.014\,5，0.109\,5，0.171\,8，0.615\,2) \times (1，3，5，7，9)^{\mathrm{T}}$$
$$= 7.419\,1$$

故青藏铁路格拉段的综合模糊评判结果为：符合达标等级标准。

5.3　高速铁路的绿色铁路评价

高速铁路具有占地省、能耗低、运能大、污染少、适应性强等技术比较优势，它是一个高效、快速的资源节约型交通运输工具。基于高速铁路的特点，我们选取了中国目前最长的一条高速铁路——京沪高速铁路（徐沪段）和京津城际高速铁路为例，分别对高速铁路的施工期和运营期进行绿色铁路评价。

5.3.1　施工期京沪高速铁路徐沪段绿色铁路评价

5.3.1.1　工程概况（图 5.4）

京沪高速铁路位于我国东部，北起北京，南至上海，线路全长 1\,318.488 km。徐州至上海段起于江苏省徐州市，经安徽省宿州市、蚌埠市、滁州市，在江苏省南京市大胜关跨越长江，经南京市、镇江市、常州市、无锡市、苏州市，终点到达上海市，正线全长 646.507 km。

5.3.1.2　自然状况

（1）地形地貌。

京沪高速铁路徐沪段线路主要通过黄淮冲积平原、淮河一、二级阶地、长江及其支流河谷阶地、长江三角洲平原区，局部通过剥蚀低山丘陵区。黄淮冲积平原地势平坦开阔，略向南倾，地面高程 20～40 m。淮河一级阶地地势低平，呈 2°～4° 微坡倾向河床，二级阶地呈垄岗地貌，波状起伏，坳沟发育，其间有残丘出露，相对高差 20～30 m。长江及其支流一级阶地地形平坦、开阔，地面

高程在 5～10 m；高阶地呈垄岗地貌，波状起伏，"梳状"坳沟发育，阶地面平缓，坳沟深 4～20 m，地面高程 10～40 m。剥蚀低山丘陵集中分布于池河至滁州段及南京至镇江段，山顶高程在 50～200 m，地势起伏大，山坡自然坡度为25°～40°，地表植被发育，基岩多有出露。长江三角洲平原区，地势平坦宽阔，河渠纵横，水塘密布，地面高程 2～6 m，由西向东微倾。

图 5.4　京沪高速铁路线路示意图

（2）工程地质特征。

徐州至池河为黄淮冲积平原及淮河一、二级阶地，主要出露上更新统粉土、粉细砂、粉质黏土、黏土（下蜀黏土），含铁锰结核，厚 2～45 m，部分地段表层为第四系全新统粉土、粉细砂、粉质黏土，厚 2～15 m，下伏寒武、奥陶系白云岩、灰岩、泥灰岩，白垩系泥岩、砾岩、泥质砂岩，下元古界云母片岩、角闪岩、变粒岩等。DK682 ~ DK739 段广泛分布松软（液化）土地层，其他地段局部分布软土和松软土，地基需加固。

池河至丹阳段线路通过剥蚀低山丘陵区及长江河谷阶地，低山丘陵区地层岩性主要为粉细砂岩、泥岩、长石砂岩、千枚岩、石英砂岩、白云岩、白云质灰岩、灰岩及侵入岩等。沉积岩受强烈的褶皱、断裂影响，节理发育，侵入岩风化层厚度变化大，球状风化发育，路堑应尽量避免深挖方，并对路基边坡加强防护措施。长江高阶地广泛分布第四系上更新统黏土（下蜀黏土），其工程性质较差，边坡宜适当放缓并加强防护加固措施。一级阶地及高阶地坳谷区局部分布软土及松软土，地基需加固。

丹阳至上海段线路通过长江三角洲平原区，均为第四系地层覆盖，系江河、湖泊、海相沉积形成，为黏土、粉质黏土夹粉细砂层，其中丹阳—昆山段零星、断续分布淤泥质土，厚 2 ~ 17 m，昆山—上海段广泛分布淤泥质土，最大厚度达 38 m。软土强度低，压缩性高，地基需加固处理。

（3）水文地质特征。

徐州至上海段经过不同的地貌单元，其水文地质特征差异甚大。

剥蚀低山丘陵区地下水类型属基岩裂隙水。富水性差异很大，一般储水条件较差，仅在岩石节理裂隙中含水，山坡地段偶见裂隙水出露；而在断层破碎带、灰岩岩溶发育带等储水条件好的地段，水量丰富，并多在低洼山麓地段以裂隙泉形式渗出，或经过阶地泄入河中，地下水一般埋深较大，变化幅度小；山间谷地地表层第四系地层中含孔隙潜水，受大气降水及地表水补给，在山间小河河床及阶地地段地下水较丰富，水位随季节变化幅度较大。

淮河、长江及其主要支流的沿岸一级阶地，其上部为第四系黏性土，下部一般有卵石层或砂层透镜体，卵石层和砂层透镜体为良好的含水层，地下水属孔隙潜水，局部地段具承压性，埋深 1 ~ 3 m，由于淮河、长江及其支流水量丰富，长年不枯，与沿岸阶地水力联系良好，故地下水量较丰富。

黄淮冲积平原潜水位一般 1 ~ 4 m，局部小于 1 m，水量一般不太丰富。淮河、长江高阶地、垄岗区地下水一般不发育，仅含有少量孔隙裂隙水，坳谷区分布孔隙潜水，埋深 0.5 ~ 3.0 m，水量不大。

长江三角洲平原区，其上部为黏性土层，下部含多层粉细砂层，浅层地下水属孔隙潜水，潜水位埋深 0.5 ~ 3 m 不等，下部砂层为良好的含水层，地下水具微承压性，该区地势低平，河渠纵横，水塘密布，地表水长年不枯，大气降水及地表水为地下水提供了良好的补给来源，故地下水较丰富，水位变化幅度不大。

根据对本段主要河流地表水及地下水大量的水质分析，局部地段地下水水质受到轻度污染，对混凝土具溶出性弱侵蚀，绝大部分水质对混凝土无侵蚀性。

（4）地震动参数。

根据 2001 年编制的 1：400 万《中国地震动峰值加速度区划图》划分，确定测区地震动峰值加速度如表 5.71 所列。

表 5.71　测区地震峰值加速度

序号	地区	标段	加速度
1	徐州至花山	DK665+100 ~ DK938+000	0.10g
2	花山至江浦	DK938+000 ~ DK985+000	0.05g
3	江浦至高资	DK985+000 ~ DK1075+000	0.10g
4	高资至镇江	DK1075+000 ~ DK1087+000	0.15g
5	镇江至常州	DK1087+000 ~ DK1164+000	0.10g
6	常州至昆山	DK1164+000 ~ DK1240+000	0.05g
7	昆山至七宝	DK1240+000 ~ DK1310+577	0.10g

对地震动峰值加速度大于 0.1g 的地区，路基、桥涵及其他建筑物应按《铁路工程抗震设计规范》（GB 50444—2006）的有关规定采取抗震工程措施。

（5）水系。

京沪高速铁路徐州至上海段沿线经过黄河、淮河、长江水系。

线路位于黄河、淮河流域的中下游，地势平坦，河谷交错，淮北平原曾是历史上洪涝灾害频发地区。黄河流域内线路跨越京杭大运河（徐州）、废黄河、奎河；淮河流域内线路跨越濉河、新汴河、沱河、浍河、怀洪新河、北肥河、淮河、池河。

线路位于长江流域的下游，除滁河外，丹阳以西线路跨越的河流均为低山丘陵型河流，流域内植被覆盖较好，面积少，上游坡陡，河道短，水文情况较为简单。长江流域丹阳以西线路跨越滁河、长江、七乡河、东阳河及高资港等。

丹阳以东地势平坦，为太湖河网地区，河沟纵横交错，互相沟通，形成整个太湖涝区。线路经过的太湖流域水系有京杭运河、黄浦江水系和沿江水系等。京杭运河在谏壁与丹阳间穿越高速铁路，自丹阳至苏州与高速铁路平行，过苏州后向南至杭州。黄浦江承泄太湖等来水，同时接纳娄江、蕴藻浜等大小 50 余条河道来水，是长江最后的一条支流，也是太湖流域重要的排水通道。沿江水系由入长江诸河组成，主要有九曲河、新孟河、德胜河、锡澄运河、锡十一圩线、望虞河、苏浏线、蕴藻浜等，高速铁路大都穿越这些河流及其支流。

（6）气象特征。

徐州至南京段属温暖带半湿润季风气候，为我国南北气候的过渡地带，气候温和，四季分明。一般最冷月为 1 月，平均气温 4.6 ℃；7 月份最热，平均气温 30.6 ℃；绝对最高气温 40.9 ℃，绝对最低气温-23.3 ℃，年平均气温 11 ~ 16 ℃。历年平均初霜期在 11 ~ 12 月，终霜期在 3 ~ 4 月，年平均雨量 600 ~ 1 400 mm，雨量年内分布不均，夏季 6 ~ 8 月为多雨季节，雨量占全年的 60% 以上。风随季节转移非常明显，冬季盛行东北风，夏季盛行东南风。

南京至上海段属亚热带海洋性季风气候，全年寒暑变化明显，四季分明，温和湿润。在 10 月之后受强冷空气南下影响伴有大风、雨雪及霜冻。夏季太平洋热带风暴在沿海登陆，受其影响，常有大风暴雨。年平均降雨量约 1 440 mm，一般集中在夏季，雨日有 110 ~ 130 天。全年无霜期 230 天，气温 1 月最冷，月平均 0.4 ~ 4.9 ℃；7 月份最高，月平均气温 25.6 ~ 33.2 ℃。全年以东南风居多，西北及东北风属次，西南风最少，最大风力可达 12 级，最大风速：南京 27.8 m/s，上海 34.7 m/s。

5.3.1.3　生态环境概况

（1）土地利用。

高速铁路徐州至上海段直接吸引地区土地总面积 74 394 km^2，水网密布，人多地少，土地资源稀缺，土地利用率在 85% 以上。沿线两侧区域多为农田、林地、湖塘、河网及城镇建设用地，土地利用呈以下特征：

农田广布，农业生产按季耕作，维持生态平衡；低山丘陵多为林场，外界扰动较少；沿线城镇密集，城市化水平高，徐州、蚌埠、南京、上海及南京至上海间城镇建设趋于现代化；随着城镇区域的扩展，耕地面积呈快速递减趋势。

（2）区域生态特征。

沿线地区苏北和安徽境内仍以农村生态环境为主，城市生态随城镇建设的扩张而迅速扩大；苏南地区生态环境呈现出城市生态与农村生态系统交替的过渡状态特征。

徐沪段大部分路段沿线区域地势开阔平坦，地表植被较发育，水土保持较好。宁沪间湖塘、河网密布，水生生境优势度较高。

（3）土壤和植被。

工程沿线地区土壤地带性和地域性规律明显。淮河以北地区主要为干涸湖荡形成的青黑土、黄泛沉积物上发育的黄潮土以及灰潮土、棕潮土、盐潮土、包浆土、黄僵土和黄刚土，农用地以旱地为主；淮河以南地区主要为水稻土，包括黄泥土、淤泥土、青泥土、黄白土、盐沙土等，自北向南依次为黑泥田、鳝血田和青泥田，农用地以水稻种植为主。

林地和荒地土壤主要有黄棕壤、黄壤、沼泽土和盐土。

沿线地区植被以农作物为主。其中淮河以北地区农作物主要为一年两熟或两年三熟连作粮食作物和落叶果木等经济作物；淮河以南地区主要有双（单）季连作粮食作物和亚热带常绿果树。主要农作物包括水稻、小麦、棉花、油菜、花生、茶叶、桑、苹果、梨、柑橘、枇杷、杨梅等。

沿线自然植被现存很少，大多数属于地带性分布的次生林。淮河以北以落叶阔叶林为主；淮河经固城、太湖北缘到上海一线，多为落叶阔叶－常绿阔叶混交混叶林，此线以南为常绿阔叶林。灌丛和草丛分布于丘陵山地；沙生植被分布于海边沙滩及黄泛区；沼泽植被分布于江湖沿岸、低洼湿地；水生植被主要分布于湖泊、溪沟、池塘内。

（4）野生动物。

由于沿线城镇密集，城市化水平和土地利用率高，无大型珍稀野生脊椎动物和国家重点保护野生兽类分布；现有主要野生动物为野兔、野猪、羊獐、黄鼬、蛇类、蛙类和山鸡、野鸭、乌鸦、喜鹊、斑鸠、麻雀、啄木鸟、猫头鹰等鸟类，平原水网地带常见候鸟迁徙。

（5）水土流失现状。

徐州至南京大部分路段位于淮河流域，地表水系发育，农业生态发达，除丘陵低山区局部存在较强水土流失外，其他地区水土流失程度均较轻。南京至上海段位于长江三角洲平原地区，地势平坦，河道、沟渠经过多年改造，布局合理，农业灌溉系统较完善，水土流失影响较小。

5.3.1.4　社会经济概况

（1）社会经济概况。

京沪高速铁路徐州至上海段途经我国经济最发达的华东地区，直接吸引徐州市、宿州市、蚌埠市、滁州市、南京市、镇江市、常州市、无锡市、苏州市和上海市等十大城市，其主要社会经济指标见表5.72。

沿线地区气候适宜，物产丰富，农副产品种类繁多，养殖业发达，盛产大麦、玉米、棉花、大豆、水稻、油菜、花生、水果、瓜菜、烤烟、花卉、药材等，农业正朝高效、集约化生产的方向发展。

高速铁路沿线工业发达，发展迅速，已形成机电、电子、汽车、通信设备、能源、冶金、家电、石化、纺织、食品、医药、建材、化工、船舶等门类齐全的工业体系；目前正大力发展高新技术产业，积极调整产业结构，努力建成具有国际竞争力的现代化工业。同时，各城市还加大经济结构优化力度，全面促进第三产业发展，加快小城镇建设和城市化进程，推动经济结构向二、三产业并举，第三产业主导的结构类型转变。

表 5.72　京沪高速铁路徐州至上海段沿线地区主要社会经济指标

城　市	土地面积/km²	总人口/万人	非农业人口/万人	GDP/亿元	第一产业/亿元	第二产业/亿元	第三产业/亿元
徐州市	11 258	902	162.6	715.7	144.6	327.8	243.3
宿州市	9 763	583	69.0	193.2	89.5	41.7	62
蚌埠市	5 832	340	77.2	171.7	40.5	68.2	63
滁州市	13 328	428.3	96.3	265.4	64.9	109.6	91
南京市	6 516	553	286.2	1 150.3	58.7	546.4	545.2
镇江市	3 843	266.6	91.9	502.7	33.2	278	191.5
常州市	4 375	342	151.4	672.9	47.1	380.8	245
无锡市	4 650	432.2	171.0	1 360.1	54.4	751.1	554.6
苏州市	8 488	581	265.8	1 760.3	91.4	999.9	669
上海市	6 341	1327	1262.4	4 950.8	85.5	2 355.5	2 509.8
合计	74 394	5 755.1	2 633.8	11 743.1	709.8	5 859.0	5 174.4

（2）矿产资源。

高速铁路徐州至上海段矿产资源丰富。江苏省是重要的煤炭蕴藏地和石灰岩、石膏、硅石、岩盐等非金属矿产的富集产地。安徽宿州矿产资源丰富，分布集中，多种矿产在全省乃至全国占有重要地位：大理石储量居安徽省之首，煤炭储量占整个淮北煤田的 75% 以上。

（3）旅游资源。

沿线各地拥有非常丰富的旅游资源。徐州古称彭城，有众多的汉墓群、风景秀丽的云龙山景区和逶迤全境的京杭大运河；滁州市有著名的琅琊山国家级风景名胜区；南京是历史文化名城和十朝古都，市内有以中山陵、秦淮风光等为代表的八大风景区，众多风景名胜与文物古迹相互交融，形成了山、水、城、林相结合、气度恢弘的城市风貌；位于太湖流域的苏、锡、常地区有"人间天堂"之称，旅游资源极其丰富；苏州园林举世闻名，无锡梅园、太湖鼋头渚享誉海内外，常州千年古刹天宁寺被誉为"东南第一丛林"，每年吸引众多香客前往朝觐；上海是我国最大的城市，也是一座国际化大都市，现有国家级文物保护单位9处，市级文物保护单位30处，重要旅游景观包括黄浦江沿江景区、崇明岛东平森林公园、淀山湖风景区等。

（4）交通运输。

沿线地区交通运输发达，也是我国运输最繁忙、运能最紧张的地区之一。综合交通体系包括铁路、公路、民航、水运、管道5种运输方式。其中铁路以全长1 463 km的京沪铁路为主线；公路以104国道（北京—福州）、312国道（上海—成都）、京沪高速公路为骨架，主要干线公路总里程达1 485 km；航空有南京禄口机场、上海虹桥和浦东国际机场，均已对外开放，开辟有通往国际、国内主要城市的航线；水运主要由长江、京杭大运河、黄浦江和苏南地区纵横交错的通航河道构成网络；管道运输主要包括任丘—南京输油管道和即将完工的西气东输工程。

5.3.1.5　环境质量概况

（1）水环境概况。

沿线大中城市经济发达，已有较完善的城市基础设施。城区内主要交通干道均已铺设城市排水管网，部分城市已建成或正在规划建设污水处理厂。

沿线主要污水受纳水体水环境概况见表5.73。

表5.73　沿线主要受纳水体水环境概况

序号	名称	受纳水体	环境功能
1	徐州高速站	房亭河	房亭河现状污染较严重，徐州市将其规划为Ⅲ类水体，目前主要功能为排污、行洪
2	宿州高速站	黄沱沟	Ⅲ类水体，目前主要功能为农业用水和工业用水
3	固镇高速站	浍河	
4	其他高速站	车站附近沟渠或城市下水道	农灌沟渠或城市下水道

本线在苏州市境内经过阳澄湖，该湖南靠苏州（吴县），东依昆山，北邻常熟，面积约120 km²，以阳澄三宝（大闸蟹、虾、鳜鱼）著称。阳澄湖水质指标中高锰酸盐指数、氨氮、总磷和总氮超过地表水Ⅲ类标准，其中总氮超过地表水Ⅴ类标准，总体属于Ⅳ类水质；阳澄湖的湾里水厂取水口源水水质一般，其中湾里取水口的氨氮超Ⅲ类标准。

本线在DK1226+000～DK1263+000区间经过阳澄湖南侧，该水域及部分陆域为水源保护区，全长约37 km，其中苏州高速站（DK1228+850）设于准保护

区内，除车站站区外，线路以桥梁形式经过苏州北园水厂湾里取水口的一级保护区 630 m、二级保护区 15.67 km、三级保护区 20.7 km；湾里取水口距线路约 380 m。

（2）声环境概况。

本工程除徐州联络线部分路段位于徐州市声环境功能区划内外，其余线路均位于城市声环境功能区划外。

本线所经地区主要为农村和城市远郊区，主要受社会生活噪声和道路交通噪声影响，声环境现状较好。其中，江苏省境内道路和工业较为发达，声环境质量相对较差，但大部分敏感目标仍能满足《城市区域环境噪声标准》之Ⅱ类标准要求；安徽省境内多为农村地区，主要受社会生活噪声影响，声环境质量优良。

（3）振动环境概况。

正线区间和徐州、蚌埠联络线与既有津浦、沪宁铁路、翔黄等铁路专用线相连和相距较近区域受既有铁路振动干扰；线路与沪宁高速公路、310 国道等道路并行或相交路段主要受道路交通振动的影响；其他路段大多为农村环境，环境振动主要来自村内道路上车流运行，以及人群活动等产生的各种无规则振动影响。本工程沿线农村内的住房一般以 2 层建筑居多，主要为砖混结构；城镇和城市的房屋楼层多为 3～6 层砖混结构建筑。根据调查，线路两侧 1 km 范围内无文物类的建筑、遗址。

（4）环境空气质量概况。

京沪高速铁路徐州至上海段经过区域环境空气质量现状大多数达到 GB 3095—1996《环境空气质量标准》二级或以上标准，其中徐州、宿州、蚌埠、滁州城区空气污染相对较重，不能满足二级标准要求。

沿线地区空气污染属煤烟和石油并重的复合型污染，主要污染物为可吸入颗粒物、SO_2 和 NO_2。线路经过地区大部分属"两控区"，对燃煤锅炉实施严格控制。受益于即将建成的"西气东输"工程，沿线城镇规划区锅炉都要求采用燃气或其他清洁能源。

5.3.1.6 环境分析

（1）各阶段环境影响概况。

本工程产生的环境影响可分为两个阶段，即施工期环境影响及运营期环境影响，具体如图 5.5 所示。

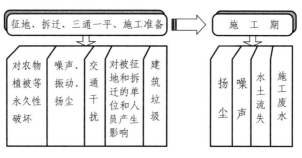

（a）施工期环境影响示意图

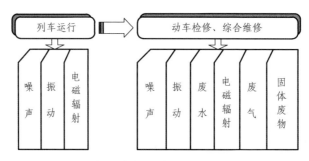

（b）运营期环境影响示意图

图 5.5

（2）噪声源。

① 施工期噪声源。

本工程施工噪声源主要包括施工机械噪声、车辆运输噪声两类。

施工机械噪声源：施工现场的各类机械设备包括装载机、挖掘机、推土机、混凝土搅拌机、重型吊车、打桩机等，这类机械是最主要的施工噪声源。根据以往大量现场监测数据，30 m 处常用施工机械噪声源强为 65 ~ 100 dB（A）。

运输车辆噪声源：施工中土石方调配，设备、材料运输将动用大量运输车辆，这些运输车辆特别是重载汽车噪声辐射强度较高，对其频繁行驶经过的施工现场、施工便道和既有公路周围环境将产生较大干扰，30 m 处重载汽车噪声源强为 62 ~ 72 dB（A）。

② 运营期噪声源。

京沪高速铁路运行列车为设计最高时速 350 km,初期组织时速 200 km 的跨线高速列车。高速铁路建设工程建成投入运营后，铁路噪声将成为沿线的主要噪声源。高速铁路具有高速、高架、电气化等主要特点，其辐射噪声主要由轮轨噪声、集电系统噪声、空气动力噪声和高架桥梁结构噪声等组成。当列车运行速度不同时，上述因素对辐射总声级的贡献量呈动态变化。国外研究表明：

列车速度在 200 km/h 左右时，轮轨噪声、集电系统噪声、空气动力噪声和高架桥噪声对总声级的贡献量分别为 63%、18%、13%和 6%；列车运行速度达到 240 km/h 左右时，贡献量变化为 50%、35%、10%和 13%。并且当速度较低时，轮轨噪声所占比例最大；速度达到 240 km/h 时，集电系统噪声和空气动力性噪声成倍增长；速度更高时，空气动力性噪声所占比例更为突出。由于全线采用全立交、全封闭，无鸣笛噪声；动车段整备、维修作业产生噪声较小，因有段或库建筑物的遮挡，对周围环境影响较小。

根据《铁路建设项目环境影响评价噪声振动源强取值和治理原则暂行规定》（报批稿），参考铁路噪声源强见表 5.74。

表 5.74 评价采用动车组噪声源强表

运行速度/（km/h）	源强值/dB（A）	修正量	附 注
160	79.5	对于无砟轨道路堤线路，增加 3 dB(A)；对于无砟轨道桥梁线路的源强值，增加 6 dB（A）	（1）参考点位置：距列车运行线路中心 25 m、轨面以上 3.5 m 处；（2）线路条件：Ⅰ级铁路，平直、无缝、60 kg/m 钢轨、混凝土轨枕、有砟轨道、路堤线路，轨面状况良好
180	81.0		
200	82.5		
220	84.5		
240	86.0		
260	87.5		
280	88.5		
300	89.5		

（3）振动源。

① 施工期振动源。

本工程施工期振动主要来源于各种施工机械、重型运输车辆和桩基施工产生的振动。根据本工程的施工特点，产生振动的施工机械和设备包括挖掘机、推土机、重型运输车、压路机、钻孔-灌浆机、空压机和风镐等。根据类比调查，距振源 30 m 处垂向 Z 振级一般为 64 ~ 71 dB，对环境影响轻微。本工程对软土或水塘地段路堤处理时可能使用重型碾压机械加强碾压或应用重锤强夯置换处理，压实机械和重锤作业对周围环境均可构成振动干扰，在距夯点 30 m 处振动可达 80 dB 左右。

② 运营期振动源。

高速铁路引起铁路振动的原因和传播过程与既有普通铁路基本相同。振动的源于列车运行中车轮与钢轨的撞击，经轨枕、道床、路基（或桥梁结构）地面传播到建筑物，引起建筑物的振动。高速铁路与普通铁路比较，所引起的铁路振动具有如下特点：

Ⅰ.高速列车轴重较小，振动源低于普速列车引发的振动。列车运行产生的振动与列车轴重关系密切，轴重越大，振动越大。普通列车的轴重约为 23 t，而国外高速列车的车体结构和动力设备不断向轻量化发展，尽量降低轴重，如日本 500 系、700 系，高速列车已降到 11.3 t，比普通列车的轴重减少约 1/2。

Ⅱ.高速铁路线路设计标准、车辆及轨道维护要求高于普速铁路，振动源水平较低。高速铁路的线路设计中，扣件、道床等多采用了特殊的隔振设计，以减弱振动的传播。在运营中，加强维护车轮轮周和钢轨表面，定期进行检查和打磨，保证良好的表面状态，有效地降低了振动。

日本 1997 年建成的北陆新干线（高崎—长野），实测表明，距外轨 30 m 处地面的振动为 74～79 dB。而我国实测的普速铁路振动，距外轨 30 m 处地面的振动为 77～82 dB。这说明高速铁路产生的环境振动，有可能通过改进线路条件，使其得到控制。

Ⅲ.高速列车通过时间短，振动作用时间少。

Ⅳ.由于车速的提高引起环境振动增大不利因素。车速提高引起轮轨之间的相互作用力增加，振动强度也随之增加。

振动源强大小主要与车辆类型、载重、速度、桥梁构造、地质条件等因素有关。本次评价列车振动源强依据《铁路建设项目环境影响评价噪声振动源强取值和治理原则暂行规定》（报批稿）确定，如表 5.75 所示。

表 5.75　铁路振动源强值　　　　　　　（VL$_{zmax}$ dB）

列车速度/（km/h）	源强值/dB	修正量	附注
160	76.0	对于无砟轨道路堤线路，增加 3 dB；对于有砟轨道 11 m 高桥梁线路，降低 3 dB；对于无砟轨道 11 m 高桥梁线路，增加 1 dB	（1）参考点位置：距线路 30 m 处；（2）线路条件：有砟轨道、路堤线路、平直、无缝、60 kg/m 钢轨、混凝土轨枕；（3）动车组轴重 14 t
180	77.0		
200	78.0		
220	79.0		
240	80.0		
260	81.0		
280	82.0		
300	83.0		

（4）电磁辐射源。

京沪高速铁路采用动车组、电力牵引。电力机车运行时因受电弓和接触网滑动接触会产生脉冲型电磁污染，对沿线居民收看电视将产生不利影响。牵引变电所等固定设施也会产生工频电磁场。高速列车运行速度在 200 km/h 左右时电磁辐射与普通线路辐射水平接近，300 km/h 时约大几个分贝。牵引变电所围墙处工频磁场略大于 0.2 μT，工频电场强度不超过 300 V/m，距围墙 20 m 处工频磁场不超过 0.1 μT，工频电场为 200 V/m 左右。由于高速铁路为全立交全封闭线路，高架桥或高路基过车对电视收看将会产生遮挡、反射影响，影响收看质量。

（5）水环境污染源。

① 施工期水污染源。

工程施工期产生的污水主要有三类：

高浊度废水：主要来自桥梁基础施工钻孔桩作业和隧道施工掘进，以高含沙量为特征，并含有少量石油类，一般采用沉淀处理。

冲废洗水：来自施工机械及运输车辆的冲洗，含沙量较高，并含少量石油类，沉淀处理。

生活污水：主要产生于施工人员驻地，与一般居民区排水相似，但由于生活相对简单，排放量较少，一般采用化粪池初级处理。

② 运营期水污染源。

本工程运营期污水主要来自车站和动车段，污水为一般性生活污水和少量含油污水，主要污染物是 COD、氨氮、SS 等；沿线主要站区排放污水见表 5.76。

表 5.76 沿线主要站区新增污水汇总表 　　　　　m³/d

序号	站名	用水量	排水量	污水性质	排放去向	排放标准	污水处理工艺
1	徐州高速站	600	250	生活污水	排入房亭河（Ⅲ类水体）	Ⅰ级	SBR 处理设备
2	宿州高速站	200	140	生活污水	排入黄沱沟（Ⅲ类水体）	Ⅰ级	SBR 处理设备
3	固镇高速站	200	140	生活污水	排入浍河（Ⅲ类水体）	Ⅰ级	SBR 处理设备
4	蚌埠高速站	550	250	生活污水	排入规划排水管网，进入城市污水处理厂	Ⅲ级	化粪池
5	滁州高速站	200	140	生活污水	排入农灌沟渠，流经约 6 km 进入滁河（Ⅲ类水体）	Ⅱ级	低动力处理设施

续表 5.76

序号	站名	用水量	排水量	污水性质	排放去向	排放标准	污水处理工艺
6	镇江高速站	350	250	生活污水	排入城市排水系统	Ⅲ级	化粪池
7	丹阳高速站	200	140	生活污水	排入附近农灌渠	Ⅱ级	低动力处理设施
8	常州高速站	450	280	生活污水	排入城市排水系统	Ⅲ级	化粪池
9	无锡高速站	500	300	生活污水	排入城市排水系统	Ⅲ级	化粪池
10	苏州高速站	500	300	生活污水	排入城市排水系统	Ⅲ级	化粪池
11	昆山高速站	200	140	生活污水	排入城市排水系统	Ⅲ级	化粪池
12	上海南翔动车段	1 000	含油废水 70 生活污水 380	生产、生活污水	排入横沥河	Ⅱ级	隔油池,化粪池
	合计	4 950	2 780				

（6）大气污染源。

① 施工期大气污染源。

工程施工期间对周围大气环境的影响主要有：以燃油为动力的施工机械和运输车辆尾气排放；施工过程中的开挖、回填、拆迁及砂石灰料装卸过程中产生粉尘污染，车辆运输过程中引起的二次扬尘。

施工期对大气环境影响最主要的污染物是粉尘。

② 运营期大气污染源。

本线牵引类型为电力机车，没有机车废气排放。

运营期主要大气污染源为车站锅炉烟气排放，本工程共设锅炉 14 台；新建锅炉均为油、气一体化锅炉，主要污染物为烟尘、SO_2、NO_x 等，所排放的大气污染物均能达到相关标准。

（7）固体废物。

施工固体废物主要为施工单位驻地产生的生活垃圾和工地施工产生的建筑垃圾。

5.3.1.7 施工期绿色铁路评价实例

（1）环境管理。

环境管理主要包括施工规章制度，环保相关机构的设置，环保培训，环保标示以及施工流程环保设计等方面，见图 5.6～图 5.8。

图 5.6　环境保护体系

图 5.7　宣传标语

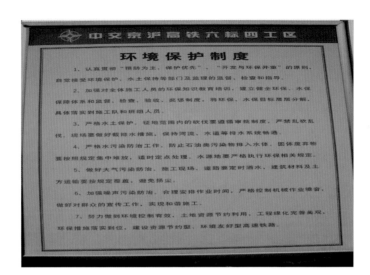

图 5.8　环保制度

（2）环保及水保措施。

① 施工站场和生活区均配置了垃圾处理设施，见图 5.9。

图 5.9　场地配置垃圾桶

②土壤、植被保护措施。

施工车辆尽可能利用既有道路，并严格按设计施工便道走行，避免碾压农作物和地表植被，见图 5.10、图 5.11。

图 5.10　植被保护

图 5.11　土壤剥离用于复耕

③ 施工期水污染防治措施。

Ⅰ.对于含油污水排放量较大的施工点设置小型隔油、集油池,含油污水经过处理后排放,如图 5.12 所示。

图 5.12　含油废水隔油池

Ⅱ.制梁场的砂石料清洗及洗罐废水经沉淀池沉淀后排放,如图5.13、图5.14所示。

图 5.13　施工场地沉淀

图 5.14　三级沉淀池

Ⅲ. 为避免隧道涌水排放影响进出口地表水体水质，在洞口附近设沉淀池，两端施工时隧道两端设沉淀池，一端施工时一端设置，如图 5.15 所示。

图 5.15　隧道施工废水沉淀池

④ 路基边坡防护措施。

Ⅰ. 路堤高度小于 3 m 时，边坡采用种紫穗槐并撒草籽或采用三维立体网喷播植草防护。

Ⅱ. 路堤高度在 3 ~ 5 m 时，采用带截水槽的拱型骨架防护，骨架内边坡喷播植草或种紫穗槐并撒草籽或采用三维立体网喷播植草防护。

Ⅲ. 路堤高度大于 5 m 时，于路堤两侧边坡水平宽度 2.5 m 范围内，自坡脚至基床表层下每隔 0.3 m 铺设一层抗拉强度为 20 kN/m 的双向土工格栅，边坡采用带截水槽拱型骨架防护；骨架内边坡喷播植草或种紫穗槐并撒草籽；或骨架内采用混凝土六边形预制空心块防护，空内填种植土种草或三维立体网喷播植草防护。

Ⅳ. 当岩石为硬质岩石时，采用挂网喷射混凝土防护。设梯形侧沟，采用浆砌片石砌筑。侧沟外留 1.0 ~ 2.0 m 宽的平台，设花坛种植常青灌木或花草。

Ⅴ. 土质和软质岩路堑侧沟外留 2.0 m 宽的平台，设花坛种植常青灌木或花草。边坡一般采用 M10 水泥砂浆砌片石护墙防护。当路堑边坡较高时，采用多级护墙，或采用拱型骨架护坡，骨架内铺六边形混凝土空心块内植草防护或喷播植草防护。

路基绿化效果见图 5.16 和图 5.17。

图 5.16　路基防护

图 5.17 路基附属绿化

⑤ 工程取、弃土防护措施。

取土场取土后对取土边坡清理规整、底面整平，为当地居民作为养鱼、养虾池进行水产养殖创造条件，提高土地的综合利用率，见图 5.18、图 5.19。

图 5.18 熟土堆放区

图 5.19 弃土场绿化和防护

⑥ 大气污染治理措施。

施工单位应严格遵守有关法律、法规,强化施工人员环保意识,加强环境管理,力求将施工期对沿线大气环境的影响降到最小,见图 5.20、图 5.21。

图 5.20 开挖面洒水车降尘

图 5.21 拌和站洒水降尘

（3）权重确定（表 5.77）。

表 5.77 施工阶段高速铁路绿色铁路评价指标体系

一级指标	二级指标	三级指标
环境管理	施工组织设计	环境保护措施的完善程度 C_1
	规章制度	环境保护方面规章制度的完善程度 C_2
		环境保护方面规章制度的执行程度 C_3
	机构设置	环境保护有关机构的健全程度 C_4
	培训、标识	环保知识培训、环保警示标志的普及程度 C_5
环保及水保措施	临时环保水保措施	表土剥离、临时堆放、防护措施的完善程度 C_6
		施工场地临时排水设施的完善程度 C_7
		桥梁基坑弃渣、泥浆处理设施的完善程度 C_8
		噪声、污水、扬尘等的临时防护措施的完善程度 C_9
	永久环保水保工程	水土保持工程的完善程度 C_{10}
		土地复垦工程的完善程度 C_{11}
		污染控制工程的完善程度 C_{12}
环境污染治理	噪声	噪声治理率 C_{13}
	振动	振动治理率 C_{14}

续表 5.77

一级指标	二级指标	三级指标
环境污染治理	固体废物	固体废物处置率 C_{15}
	污水	污水达标排放率 C_{16}
	废气	废气达标排放率 C_{17}
节能降耗(能源消耗)	电能消耗	生产电能消耗 C_{18}
		生活电能消耗 C_{19}
	石油消耗	运输车辆能耗 C_{20}
		燃油机具能耗 C_{21}

在高速铁路绿色铁路评价中,6 位专家对施工期高速铁路评价中对环境管理、环保及水保措施、环境污染治理、节能降耗 4 个方面进行判断,判断矩阵如下:

$$A_1 = \begin{pmatrix} 1 & 1/2 & 2 & 3 \\ 2 & 1 & 3 & 3 \\ 1/2 & 1/3 & 1 & 2 \\ 1/3 & 1 & 1/2 & 1 \end{pmatrix}, \quad A_2 = \begin{pmatrix} 1 & 1/3 & 1 & 1 \\ 3 & 1 & 4 & 1 \\ 1 & 1/4 & 1 & 1 \\ 1 & 1 & 1 & 1 \end{pmatrix}$$

$$A_3 = \begin{pmatrix} 1 & 1/3 & 2 & 1 \\ 3 & 1 & 3 & 2 \\ 1/2 & 1/3 & 1 & 1 \\ 1 & 1/2 & 1 & 1 \end{pmatrix}, \quad A_4 = \begin{pmatrix} 1 & 1/3 & 1 & 1 \\ 3 & 1 & 4 & 3 \\ 1 & 1/4 & 1 & 1 \\ 1 & 1/3 & 1 & 1 \end{pmatrix}$$

$$A_5 = \begin{pmatrix} 1 & 1/3 & 1/2 & 1 \\ 3 & 1 & 3 & 2 \\ 2 & 1/3 & 1 & 1 \\ 1 & 1/2 & 1 & 1 \end{pmatrix}, \quad A_6 = \begin{pmatrix} 1 & 1 & 1 & 3 \\ 1 & 1 & 1 & 2 \\ 1 & 1 & 1 & 1 \\ 1/3 & 1/2 & 1 & 1 \end{pmatrix}$$

归一化后得到

$$w = \begin{pmatrix} 0.283\,2 & 0.444\,5 & 0.165\,1 & 0.107\,2 \\ 0.172\,1 & 0.427\,1 & 0.164\,1 & 0.236\,7 \\ 0.205\,3 & 0.458\,9 & 0.146\,9 & 0.188\,9 \\ 0.162\,5 & 0.523\,3 & 0.151\,7 & 0.162\,5 \\ 0.146\,9 & 0.458\,9 & 0.205\,3 & 0.188\,9 \\ 0.316\,1 & 0.280\,4 & 0.244\,6 & 0.158\,9 \end{pmatrix}$$

进行相似性判断并对判断结果聚类,聚类结果如图 5.22 所示。

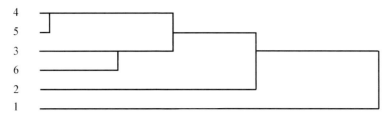

图 5.22 系统聚类图

明显可以将专家分成三类：第一类有 2 位专家，编号为 4、5；第一类有 2 位专家，编号为 3、6；第二类有 1 位专家，编号为 2；第三类有 1 位专家，编号为 1。得到专家权重向量为 W =（0.1，0.1，0.2，0.2，0.2，0.2）。由式（4.21）得到最终权重向量为 w^* =（0.1902，0.3805，0.2468，0.1825）。

利用类似的方法得到最终权重，如表 5.78 所列。

表 5.78 京沪高速铁路徐沪段施工阶段高速铁路绿色铁路评价指标层各项指标权重值

一级指标	权重	二级指标	权重	三级指标	权重
环境管理	0.190 2	施工组织设计	0.390 7	环境保护措施的完善程度	
		规章制度	0.240 7	环境保护方面规章制度的完善程度	0.5
				环境保护方面规章制度的执行程度	0.5
		机构设置	0.193 2	环境保护有关机构的健全程度	
		培训、标识	0.169 4	环保知识培训、环保警示标志的普及程度	
环保及水保措施	0.380 5	临时环保水保措施	0.445 6	表土剥离、临时堆放、防护措施的完善程度	
				施工场地临时排水设施的完善程度	
				桥梁基坑弃渣、泥浆处理设施的完善程度	
				噪声、污水、扬尘等的临时防护措施的完善程度	
		永久环保水保措施	0.554 4	水土保持工程的完善程度	0.333 3
				土地复垦工程的完善程度	0.333 3
				污染控制工程的完善程度	0.333 3
环境污染治理	0.246 8	噪声	0.161 1	噪声治理率	
		振动	0.100 3	振动治理率	
		固体废物	0.250 4	固体废物处置率	

续表 5.78

一级指标	权重	二级指标	权重	三级指标	权重
环境污染治理	0.246 8	污水	0.382 7	污水达标排放率	
		废气	0.105 5	废气达标排放率	
节能降耗（能源消耗）	0.182 5	电能消耗	0.369 5	生产电能消耗	0.666 7
				生活电能消耗	0.333 3
		石油消耗	0.630 5	运输车辆能耗	0.560 4
				燃油机具能耗	0.439 6

（4）施工阶段京沪高铁徐沪段高速铁路绿色铁路评价。

建立评语集 V ={优，良，中，较差，差}={5，4，3，2，1}，选择 6 位专家对第二层评价因子进行评价，组成评价者集 P ={P_1，P_2，P_3，P_4，P_5，P_6}，第二层评价因子评价结果如表 5.79 所示。

表 5.79 单因子评价结果

	C_1	C_2	C_3	C_4	C_5	C_6	C_7	C_8	C_9	C_{10}	C_{11}
P_1	3	3	3	3	2	3	4	2	2	4	2
P_2	3	3	2	3	2	4	3	3	3	4	2
P_3	2	2	2	2	3	3	3	4	3	3	2
P_4	2	3	2	4	3	3	2	2	2	3	3
P_5	3	4	3	3	2	3	3	3	4	4	2
P_6	3	4	2	2	3	4	4	2	2	3	2

	C_{12}	C_{13}	C_{14}	C_{15}	C_{16}	C_{17}	C_{18}	C_{19}	C_{20}	C_{21}	
P_1	3	3	3	3	3	3	2	3	4	2	
P_2	3	2	3	3	2	3	3	3	3	3	
P_3	2	3	2	2	2	2	3	4	3	3	
P_4	2	3	2	2	2	2	3	3	3	2	
P_5	3	3	3	2	3	3	3	4	3	3	
P_6	2	3	2	2	2	2	3	3	4	2	

由评价表得出

$$\boldsymbol{R}_{11}=\begin{pmatrix} 0 & 2/6 & 4/6 & 0 & 0 \\ 0 & 1/6 & 3/6 & 2/6 & 0 \\ 0 & 4/6 & 2/6 & 0 & 0 \\ 0 & 2/6 & 3/6 & 1/6 & 0 \\ 0 & 3/6 & 3/6 & 0 & 0 \end{pmatrix}, \quad \boldsymbol{R}_{12}=\begin{pmatrix} 0 & 0 & 4/6 & 2/6 & 0 \\ 0 & 0 & 4/6 & 2/6 & 0 \\ 0 & 3/6 & 2/6 & 1/6 & 0 \\ 0 & 3/6 & 2/6 & 1/6 & 0 \\ 0 & 0 & 3/6 & 3/6 & 0 \\ 0 & 5/6 & 1/6 & 0 & 0 \\ 0 & 3/6 & 3/6 & 0 & 0 \end{pmatrix}$$

$$\boldsymbol{R}_{13}=\begin{pmatrix} 0 & 1/6 & 5/6 & 0 & 0 \\ 0 & 3/6 & 3/6 & 0 & 0 \\ 0 & 3/6 & 3/6 & 0 & 0 \\ 0 & 4/6 & 2/6 & 0 & 0 \\ 0 & 3/6 & 3/6 & 0 & 0 \end{pmatrix}, \quad \boldsymbol{R}_{14}=\begin{pmatrix} 0 & 3/6 & 3/6 & 0 & 0 \\ 0 & 0 & 4/6 & 2/6 & 0 \\ 0 & 0 & 4/6 & 2/6 & 0 \\ 1/6 & 5/6 & 0 & 0 & 0 \end{pmatrix}$$

第二层单因素评价结果如下：

$\boldsymbol{B}_1=\boldsymbol{W}_1\times\boldsymbol{R}_{11}=（0，0.317\,1，0.544\,7，0.073\,4，0）$

$\boldsymbol{B}_2=\boldsymbol{W}_2\times\boldsymbol{R}_{12}=（0，0.357\,8，0.438\,4，0.203\,8，0）$

$\boldsymbol{B}_3=\boldsymbol{W}_3\times\boldsymbol{R}_{13}=（0，0.510\,1，0.489\,9，0，0）$

$\boldsymbol{B}_4=\boldsymbol{W}_4\times\boldsymbol{R}_{14}=（0.046\,1，0.353\,8，0.440\,8，0.158\,8，0）$

第一层综合评价为：

$$\boldsymbol{B}=\boldsymbol{W}_0\times\boldsymbol{R}_{\mathrm{B}}=[0.190\,2，0.380\,5，0.246\,8，0.182\,5]\times$$

$$\begin{pmatrix} 0 & 0.317\,1 & 0.544\,7 & 0.073\,4 & 0 \\ 0 & 0.357\,8 & 0.438\,4 & 0.203\,8 & 0 \\ 0 & 0.510\,1 & 0.489\,9 & 0 & 0 \\ 0.046\,1 & 0.353\,8 & 0.440\,8 & 0.158\,8 & 0 \end{pmatrix}$$

$$=[0.008\,4，0.386\,9，0.470\,4，0.120\,5，0]$$

代入计算得

$$1\times0.008\,4+0.386\,9\times2+0.470\,4\times3+0.120\,5\times4+0=2.675\,4$$

取整得 3，故综合评价结果为"绿色"。

5.3.2 运营期京津城际高速铁路绿色铁路评价

京津城际铁路是我国第一条时速达到 350 km 的高速铁路，是我国《中长期铁路网规划》中建成的第一条铁路客运专线，全长 120 km。京津城际高速铁路于 2008 年 8 月 1 日正式开始运营，首先服务于 2008 年北京奥运会，连接北京、天津两大直辖城市。由北京南站东端出发，沿京山线向东至天津。

京津城际高速铁路等级为铁路客运专线，正线为双线，正线线间距离为 5 m；全程实现电力牵引、自动控制，行车实行综合调度集中；列车类型为 CHR_3 型动车，最小行车间隔为 3 min。全线设北京、京庄、永乐、武清、天津 5 个车站；列车运行最高时速为 300～350 km，北京至天津运行时间只需 30 min。

全线采用的大量的高架桥，桥梁占路线总长度的 87%。跨越公路时部分采用大跨度桥跨，跨度最大的桥梁为京津城际铁路跨越北京市五环、四环的桥梁，最大跨度为 128 m。全线路基共 6 段，长度 16.3 km，占线路长度的 13%。

全线正线铺设 CRTS Ⅱ 型（纵连式）板式无砟轨道。预制轨道板通过水泥沥青砂浆调整层，铺设在现场摊铺的混凝土支承层或现场浇筑的具有滑动层的钢筋混凝土底座（桥梁）上，适应 ZPW-2000 轨道电路的连续轨道板无砟轨道结构形式。京津城际铁路全线共有桥梁 31 座，长 100.3 km，其中特大桥 5 座。全线有制梁场 7 个，预制简支梁 2 746 孔，土石方总量为 219.1 万立方米。

京津城际高速铁路在设计过程中，进一步加大节能、环保创新力度和有效措施，且取得了显著成果。主要措施包括：选线尽量减小对环境的影响；利用既有铁路、高速公路通道并廊走行，尽可能减少对周边环境的影响，尽量避开沿线的重点建筑物；全线采用桥梁通过为主，有效减少铁路对沿线城镇的切割，最大限度地节省了用地；动车组采用电力牵引，没有任何废气排放，真空式集便装置，实现了污物、污水集中收集和垃圾零排放等。

5.3.2.1　自然环境现状

（1）地形地貌。

线路位于华北平原北部，地势自西北向东南缓倾，地面高程由起点的近50 m，递减到终点 3 m 左右。沿线分为两个地貌单元，自北京至武清镇为冲洪积平原，地势稍高；武清镇至天津为冲积平原，地势平坦低洼，沟渠坑塘密布。

（2）地质构造及地震动峰值加速度。

①地质构造。

本区位于华北平原的东北部，有巨厚的新生界第四系松散沉积层，覆盖于古生界和元古界基底地层上。基底构造复杂，断裂发育。由于构造隐伏于较深部位，且上覆巨厚的第四系沉积层，所以对地面工程无较大影响。

②地震动峰值加速度。

根据《中国地震动参数区划图》（GB 18306—2001），沿线地震动峰值加速度（地震基本烈度）划分如下：

DK0+000～DK62+400，0.20*g*（Ⅷ度）；

DK62+400～终点，0.15*g*（Ⅶ度）。

（3）工程地质及水文地质。

① 工程地质。

Ⅰ.不良地质。

沿线发育的主要不良地质为地震可液化层。线路经过区属高烈度地震区，因地下水位较浅，沿线又分布较多的粉细砂及粉土地层，因此局部地段存在有地震可液化层。

Ⅱ.特殊岩土。

沿线主要特殊岩土有软土、填土等。

i.软土。

天津及沿海中上部地层广泛分布有海相沉积层，岩性为淤泥、淤泥质黏土及淤泥质粉质黏土，厚度一般为 3.0～10.0 m。由于形成时代较新，该土层压缩性高、强度较低。

ii.填土。

沿线村镇及较大村庄分布较多填土，由于填筑年代长短不一、填筑方法多种多样、料源差异较大，造成其性质变化多端。修建客运专线时应采取相应的处理措施如挖除换填、加固处理等。

Ⅲ.松软地基。

北京市区以外分布大量需进行沉降检算的松软土层，并且大部分地段需要处理，以确保沉降不超标。松软土底板埋深自北京至天津由 5 m 降至 22 m 左右，并且厚度逐渐变大。

② 水文地质。

沿线地下水多为孔隙潜水，北京地区局部存在承压水，地下水储存于第四系松散层中，其中砂、砾、卵石层中水量丰富；主要靠大气降水及地表水补给，以蒸发排泄为主，地下水位随季节变化幅度为 0.5～3.5 m。北京至武清间地下水埋深一般 5～8 m，地下水及地表水对普通混凝土多不具侵蚀性；天津地区埋深较浅，一般为 0.5～1.5 m，地表水、地下水对混凝土多具硫酸盐弱至中等侵蚀性。

（4）水系。

北京至天津城际客运专线位于于海河流域下游的永定河水系和北三河水系，海河流域北部为燕山，西部为太行山，南部为华北平原，东部紧靠渤海，受地形和季风影响，山前为多雨区，暴雨洪水经常发生，加上地势由北、西、西南向渤海倾斜，河流大部汇入海河。上游遇暴雨洪水来量大时，中下游河道泄量不足，因此洪涝灾害较为严重。为了缓解洪水灾害，在海河流域的中下游地区开辟了为数众多的滞蓄洪区。

① 凉水河。

凉水河是北京市的一条行洪排沥河道。

② 凤港减河。

凤港减河是北京通县的一条行洪排沥河道。

③ 凤河。

凤河是北京大兴县的一条行洪排沥河道，下段进入天津武清、汇入北京排污河。

④ 龙河。

龙河是位于武清县西部的一条行洪排沥河道。

⑤ 龙凤河故道。

该河为龙凤河1955年改道东流后形成的，为高场洼、夹道洼、牛角洼的排水、引灌河道，北起大南宫村西龙河与北京排污河汇流处，向南经东洲扬水站至北运河右岸的龙凤闸，全长16.2 km。线路在大南宫排污河的龙凤新河汇流处下游5.5 km处跨越该河。

⑥ 北运河。

北运河是发源于北京昌平县的一条行洪排沥河道，该河上大下小，中间有运潮减河、清龙湾减河、筐儿港分洪闸等分流工程，河道设计过水能力104 m³/s，相应水位5.50 m，河堤底宽32 m，堤顶高程9.0 m，两堤距180 m。推算百年流量200 m³/s。

⑦ 永定新河。

永定河是海河水系的主要干流，是根治海河中新开辟的入海通道，控制流域面积47 000 km²。线路在既有京山铁路桥下游约50 m处跨过该河。

⑧ 新开河。

该河开挖于明朝，始自天津市河北区海河左岸，至北塘附近注入永定新河，全长36.5 km。该河具有泄洪、排涝、灌溉功能，在河道上口建有耳闸节制闸，在与永定新河交汇处建有金钟防潮闸。河道两岸筑有堤防，设计行洪能力400 m³/s，历史上最大泄洪为1963年的381 m³/s。

⑨ 淀北分洪区。

淀北分洪区历史上称塌河淀，位于永定河下游武清、北辰区内，北运河以东、杨北公路永东干渠以南、排污河以西、永定新河左堤以北区域。该区运用原则是：当卢沟桥以上发生50年一遇以上洪水时，经永定河泛区调洪后，屈家店闸流量大于 1 800 m³/s；威胁天津市区时，在永定新河左堤向淀北分洪。

线路穿越上述区域时全部以桥梁形式通过。

（5）气象。

线路所经地区属暖温带亚湿润大陆性季风气候，冬季寒冷干燥，夏季炎热多雨，春秋季节较温暖且多风。降水量多集中在七、八月份，约占全年的70%，大风多集中在三、四月份。主要气象要素见表 5.80。

表 5.80　主要气象要素统计表

项　目	北京市	天津市
平均气温/℃	11.4	13.5
极端最高气温/℃	40.6	39.9
最冷月平均气温/℃	−4.4	−3.6
平均降水量/mm	567.8	536.6
平均风速/（m/s）	2.8	3.0
最大风速（m/s）及风向	21.7 NNW	24.5 NNW
最多风向及频率	10 N 21 C	9SSW 13 C
累年大风日数	27.7	29.8
累年雾日数	21.4	17.7
最大积雪深度/cm	24	20

土壤最大冻结深度：

DK0+000 ~ DK47+000，0.8 m；

DK47+000 ~ 终点，0.6 m。

（6）土壤、植被和水土流失。

① 土壤。

按成土条件、土壤发育过程、发育程度、肥力状况和发展趋势，根据土地资源调查资料，北京至天津主要为潮土，大致分为三个亚类：普通潮土、盐化潮土、湿潮土。沿线大部分为普通潮土，其主要特点是：壤质适中或含量高，具有较好的保水保肥性和通风透水性，有利于农、林、牧各业发展。盐化潮土、湿潮土及境内少量盐土不利于农作物及林木生长。

② 植被。

本工程沿线地区除城镇外大多为耕地，覆盖农作物。植被类型主要为栽培植物；粮食作物以小麦、玉米为主，其次是谷子、高粱、大豆、地瓜等；经济作物以棉花、蔬菜、西瓜为主。

沿线地区林木覆盖分布不均，没有较大的成片林，植物的科属种繁多，均属落叶阔叶植物。用材、防护林树种主要有杨、柳、榆、槐、椿、桐等；灌木有怪柳、杞柳、青腊、紫穗槐；经济果树有苹果、梨、桃、杏、枣、核桃、葡萄等。

③ 水土流失。

沿线属平原地区，地形平坦开阔，起伏小，水土流失轻微。

（7）沿线风景名胜及文物古迹。

沿线文物古迹主要有陶然亭、先农坛、天坛、燕墩等。

陶然亭：总面积达 59 公顷，是首都北京最早兴建的一座现代园林。其旧址为燕京名胜，素有"都门胜地"之誉。

先农坛：与天坛东西相对，是明、清两代皇帝祭祀先农、山川、太岁诸神之处。

天坛：分布有祈年殿、回音壁等重要人文景观。

燕墩：最早作为元朝烽火台，乾隆年间重新修缮后作为镇物，上有两篇文章均为乾隆御笔，目前为北京市一级保护文物。燕墩距既有京山线 55 m，京津城际客运专线在既有线右侧与既有线相距 14 m 通过，距燕墩 41 m。

另外，线路沿线北京市范围内有北京游乐园、芳亭园、龙潭公园，天津市范围内有北宁公园等风景游览区。

5.3.2.2　环境质量现状及环境规划

（1）环境质量现状。

① 声环境。

沿既有京山铁路区段两侧的典型敏感点：永铁苑和郭庄北里居住小区，受既有铁路噪声影响，铁路边界 30 m 处现状昼间噪声水平为 68.5 ~ 69.7 dB(A)，夜间为 63.9 ~ 69.3 dB(A)，可满足 GB 12525—90《铁路边界噪声标准》昼、夜间小于 70 dB(A)的限值要求；距离铁路线路 60 ~ 100 m 范围内的测点，昼间噪声水平为 59.2 ~ 67.1 dB(A)，夜间为 52.8 ~ 66.8 dB(A)，接近或超过 GB 3096—93《城市区域环境噪声标准》2 类区昼间 60 dB(A)、夜间 50 dB(A)的限值要求。

沿滨河路旁区段的典型敏感点蒲黄渝居住小区，主要受道路交通噪声影响。现场监测结果表明，持续不断的道路交通噪声对该住宅小区的影响为 64 ~ 66 dB(A)，而纯铁路噪声影响仅为 57 ~ 60 dB(A)，二者综合作用的结果为：铁路边界 30 m 处现状昼、夜间噪声水平为 70.2 dB(A)和 70.1 dB(A)，基本满足 GB 12525—90

《铁路边界噪声标准》昼、夜间小于 70 dB(A)的限值要求；距离铁路线路 120 m、邻近滨河路第一排高层居民楼，昼间噪声水平为 67.8～71.8 dB(A)，夜间为 67.4～70.8 dB(A)，超过 4 类区对应的标准要求。

穿越农村、商贸及亦庄开发区区段的敏感点大部分处在京津塘高速公路地段，受高速公路的影响，现状噪声接近或超过 2 类区噪声标准。

线路进入天津市区以后，再次与既有京山铁路并行，受既有铁路噪声影响，铁路边界 30 m 处现状昼间噪声水平可满足 GB 12525—90《铁路边界噪声标准》昼、夜间小于 70 dB(A)的限值要求；30 m 外噪声水平接近或超过 GB 3096—93《城市区域环境噪声标准》2 类区昼间 60 dB(A)、夜间 50 dB(A)的限值要求。

② 水环境。

工程活动影响范围内的地表水系主要有凉水河、凤港河、凤河、北运河、永定新河、新开河等。目前，凉水河水质为超Ⅴ类，主要污染物为高锰酸盐指数、BOD5、NH3-N 和石油类，超标率为 69.2%～100%；凤港河水质为劣Ⅴ类；北运河、永定新河、新开河水质为劣Ⅴ类。

③ 大气环境。

北京城区沿线主要大气污染物为 TSP，超标倍数为 1.86；其次为二氧化硫，超标倍数为 1.03。北京经济技术开发区内的主要大气污染物为 PM10，超标倍数为 1.7。区间地段为农村地区，环境空气质量良好。天津市区 2002 年可吸入颗粒物年均值为 0.138 mg/m³，二氧化硫年均值为 0.069 mg/m³，但仍超国家二级标准 15%，化氮年均值为 0.046 mg/m³，空气综合污染指数为 3.11，全年环境空气质量达到和好于二级良好水平的天数为 274 天。

④ 生态环境。

线路经过北京、天津两大直辖市，以城市生态环境为主，两侧基本为已建成的居住、商业混合区；线路区间路段以农村生态环境为主，主要以耕地、鱼塘、宅地为主。

（2）环境规划。

① 噪声功能区划。

根据北京市环境功能区划，北京南站附近地区为既有铁路地区，其向东至蒲黄榆路口 3 km 为既有京山铁路，本区段铁路两侧分布有永铁苑及郭庄等居住小区，该区域铁路边界 30 m 处执行铁路边界噪声标准，其他区域划分为 1 类地区；过蒲黄榆路口后约 2 km 区段，拟建铁路北侧为护城河、南侧为滨河路，道路两侧划分为 4 类地区，其他区域划分为 1 类地区，该区域评价范围内分布有蒲黄榆等居住小区；过三环后的区域划分为 2 类地区，铁路大部分区段沿京津塘高速公路走行，该区域有十八里店村、横街子、羊南羊北农村居民及亦庄经济开发区等。区间地段线路两侧敏感建筑大多为农村平房，在原有的"北京市城市规划"和"天津市城市规划"中尚未明确规划其功能用地。线路过武清开发区后与既有京山线并行，铁路边界 30 m 处执行铁路边界噪声标准。天津市区范围内线路两侧除城市干道及铁路边界外基本为 2 类区。

② 水体规划。

根据《北京市实施〈中华人民共和国水污染防治法〉条例》对地表水体的分类，线路经过区段的凉水河、凤港减河均为北京市第三类水体，为 GB 3838—2002 V 类水体。

北运河、永定新河、新开河规划为 V 类水体。

③ 大气环境。

线路沿线均规划为国家二级标准。

5.3.2.3　污染要素对环境的影响分析

（1）能耗。

本线为电气化铁路，工程实施后能耗主要为电力机车耗电、站段的生活采暖锅炉耗油及天然气，以及各站段的生产生活用水，详见表 5.81。

表 5.81　工程实施后能耗表

项目	电	水	油	天然气
能耗	54 620 万 kW·h	$24.45 \times 10^4 \, \text{m}^3$	—	718 800 Nm^3/a

（2）主要污染源分析。

① 声环境。

本工程为城际客运专线，客车运行速度为 200 km/h 以上。针对城际铁路的高速、高架、电气化等主要特点，其噪声源主要由轮轨噪声、集电系统噪声、空气动力噪声和高架桥梁结构噪声综合而成。当列车运行速度不同时，上述噪声对综合声级的贡献量呈动态变化。日本新干线最新研究结果表明：当车速低于 240 km/h 时，轮轨噪声为主要噪声源，占总噪声能量的 40% 以上；当车速达到 300 km/h 时，轮轨噪声与集电系统噪声和空气动力性噪声共同成为主要噪声源，各占 30% 左右。高速铁路列车运行辐射噪声声级较高，对沿线居民区、学校、医院等生活学习环境影响较大，尤其是经过北京、天津城区路段，线路基本以桥梁形式通过，线路两侧敏感点分布较多、人口密集，噪声污染更为突出。由于全线采用全立交、全封闭，无机车鸣笛噪声。

动车组整备作业、综合维修作业会产生噪声，但一般动车组定置作业噪声较小且在段内或库内有一定遮挡，天津动车运用所、天津综合维修工区等周围敏感点较少且距离较远，对周围环境影响较小。

针对铁路工程特点，施工期主要作业形式有路基填筑、夯实，桥梁基础施工，设备、材料运输，房屋拆迁及地面开挖等。推土机、挖掘机、打桩机等施工机械及混凝土搅拌运输车、压路机等各种运输车辆对周围环境会产生噪声影响。

②振动。

本线为城际客运专线，城际铁路引起环境振动的原因和传播过程与既有普速铁路基本相同。振动的产生是源于列车运行中轮轨之间的碰撞和摩擦，振动通过轨枕、道床、路基（或桥梁结构）、地面传播到建筑物，引起建筑物的振动，对居民住宅及沿线的古建筑等产生影响。

城际快速铁路与普速铁路相比较，所引起的环境振动具有如下一些特点：

Ⅰ. 由于速度的提高，城际快速铁路存在增大环境振动的不利因素。轮轨作用产生的振动与速度密切相关，随速度的增加而增加。

Ⅱ. 城际快速列车单列车通过时间短，振动作用时间相对较短，振动产生的影响相对普速铁路小。

Ⅲ. 高速列车轴重小，有利于减小振动。

列车运行产生的振动与列车轴重关系密切，轴重越大，振动越大。普通列车的轴重约为 23 t，而国外高速列车的车体结构和动力设备不断向轻量化发展，尽量降低轴重，如日本 500 系、700 系高速列车已降到 11.3 t 左右，与普通列车的轴重比较减少了 1/2 左右。

Ⅳ. 本工程线路设计标准、车辆及轨道的维护要求高于普通铁路，有利于减少振动。

本工程的线路设计中，扣件、道床等多采用了特殊的隔振设计，以减弱振动的传播。在运营中，加强维护车轮轮周和钢轨表面，定期进行检查和打磨，保证良好的表面状态，可有效地降低振动。

日本 1997 年建成的北陆新干线（高崎—长野），实测表明，距外轨 30 m 处地面的振动为 74 ~ 79 dB。而我国实测的普速铁路振动，距外轨 30 m 处地面的振动为 77 ~ 82 dB。

针对铁路工程特点，施工期主要作业形式有路基填筑、夯实，桥梁基础施工，设备、材料运输，房屋拆迁及地面开挖等。推土机、挖掘机、打桩机等施工机械及混凝土搅拌运输车、压路机等各种运输车辆对周围环境会产生噪声影响。

③电磁环境。

与普通铁路相比，城际电气化铁路列车运行速度快、高架路段所占比例大。

电力机车运行时接触网与受电弓滑动过程中瞬间离线会产生频带较宽的脉冲型电磁辐射,此类辐射会对沿线邻近居民收看电视和重要无线电设施正常工作产生干扰影响;电气化铁路牵引变电所也会产生电磁辐射,在电视频段,其辐射明显小于线路,因此,就其干扰源强度而言,运行和整备中的机车是最突出的污染源,其次是牵引变电所等固定设施。此外,高架桥和高路堤对电视信号遮挡反射影响较突出。

④ 水环境。

运营期新增污水来源于沿线站、段新增的生产、生活房屋及天津动车运用所内的客车集便污水。

主要污染物为悬浮物、CODcr、BOD₅、石油类、氨氮、洗涤剂等。各方案沿线各站排水量及排放去向见表 5.82。

表 5.82 沿线车站新增排水量及排放去向表

站 名	排水量/（m³/d）		处理措施	排放去向
	生活	生产		
北京南	23	—	生活污水化粪池	市政管道
永乐	12	—	化粪池及厌氧生物滤罐	流经三胡沟，最终入凤港减河
天津动车运用所	216.8（其中集便污水 49）	含油 15.3，洗刷污水 83.3（其中 18.8 排放）	生活污水及密闭厕所集便污水化粪池、含油生产废水隔油池、洗刷废水经气浮过滤后回用	市政管道
天津站	47	—	化粪池、隔油池、MBR 处理设备	市政管道

根据《北京市环境功能区划》资料,凤港减河属北运河水系,水体功能为农用水区及一般景观要求水域,按Ⅴ类水体规划,现场调查本河现为排污河。

由表 5.82 可知,本工程除天津动车运用所产生的少量含油生产废水、客车洗刷废水及密闭车厢集便污水外,其余各站均产生少量的生活污水。其中天津站生活污水主要来自新建子站房,排水自成系统,直接排入城市市政管网,不纳入既有天津站排水系统,本次评价对天津站既有污水不再作现状评述。因此本次评价以天津动车运用所为评价重点,对其他各站生活污水做简要评述。

本工程设跨河特大桥 6 座,跨越的河流均为行洪排沥河道,特大桥钻孔桩施工时若防护不当会对河流水质产生影响;另外临时工程场地施工期间施工废水和施工营地生活污水的排放，如不妥善处理，将会污染地表水环境。

⑤ 大气环境。

本线采用电力机车牵引，因而大气污染源为永乐站、天津综合维修工区及天津动车运用所内的燃油、燃气采暖锅炉，主要污染物为烟尘、SO_2、NO_x等。燃气锅炉大气污染物排放系数见表5.83。

表 5.83　燃气锅炉污染物排放系数表　　　　kg/10^6 m³

锅炉类型	烟尘	SO_2	NO_x
采暖、生产用锅炉	80 ~ 240	9.6	1 290.00

沿线各站锅炉能耗及大气污染物排放量见表5.84。

表 5.84　各站段锅炉设置概况及污染物排放量表　　　　t/a

锅炉位置	锅炉负荷	用途	耗油量	耗气量 / (Nm³/a)	污染物排放量/ (t/a)		
					烟尘	SO_2	NO_x
永乐	1 台 0.7 MW	采暖	156	—	0.043	0.29	0.49
天津综合维修工区	2 台 0.7 MW	采暖	—	174 000	0.017	0.002	0.22
天津动车运用所	1 台 2.8 MW+ 1 台 1.4 MW	采暖	—	544 800	0.055	0.006	0.70
合计					0.115	0.298	1.41

注：0.7 MW、1.4 MW、2.8 MW 燃气锅炉耗气量分别为72.5 Nm³/h、149 Nm³/h、305 Nm³/h，采暖期按每年4个月、每天燃烧时间10小时计算。

施工期施工机械作业、运输车辆运行、施工营地人员炊事取暖等将产生废气污染，土石方及建筑材料运输带来运输扬尘污染环境空气。

⑥ 固体废物。

工程运营后，固体废物主要来源于车站工作人员及旅客候车产生的生活垃圾及旅客列车垃圾。

5.3.2.4　运营期生态环境影响

（1）永久性占地对土地利用的影响分析。

① 对农村地区土地利用的影响分析。

本工程设计永久性占地 6 643.5 亩（不含绿色通道占地），以耕地和城市用地为主，表5.85是铁路永久占地分类数量表。

表 5.85　铁路占地分类数量表 　　　　　亩

行政区域 \ 占地类型	旱地	菜地	水浇地	林地	鱼塘	宅地	城市用地	路内征地	绿色通道占地	合计
北京市	37.0	0	1 953.6	0	39.5	0	727.0	296	2 367.6	9 011.1
天津市	0	128.4	2 285.3	28.4	128.3	401.7	463.8	154.5		
小计	37.0	128.4	4 238.9	28.4	167.8	401.7	1 190.8	450.5	2 367.6	

农村地区工程永久性占地包括线路路基、站场、电力设施、给排水设施、公（道）路改移等项目，在工程 6 643.5 亩的永久占地中，耕地 4 404.3 亩，占66.3%；林地 28.4 亩，占 0.4%；鱼塘 167.8 亩，占 2.5%；其余为铁路既有用地和宅地。工程占地将使沿线区域耕地减少，特别是对征地涉及的乡镇、村庄，征用土地将减少其人均耕地，工程征占林地、鱼塘将对林业、水产养殖造成一定程度的影响。

工程实施后，工程沿线约 40 m 宽的区域（农村地区路基地段，长度约 60 km）原来以农田为主的土地利用格局将改变为交通用地和绿色通道用地，评价范围内土地利用格局将产生重大变化。

桥梁地段铁路征地待工程建成后，原为耕地的还可以作为耕地继续耕种，全线属于此类情况的征用耕地数量约 605 亩。

② 对城市土地利用的影响分析。

在工程 6 643.5 亩的永久占地中，城市用地 1 641.3 亩（含铁路用地 450.5亩），占 24.7%，主要占用的土地类型为居民点及工矿用地、交通用地和绿化用地。表 5.86 是工程在北京、天津两市市区占用土地的详细分类及数量。

表 5.86　城市占地分类数量表 　　　　　亩

类型区域	居民及工矿用地	交通用地	绿化用地	合计
北京市	722.5	296.0	4.5	1 023
天津市	463.8	154.5	0	618.3
合计	1 186.3	450.5	4.5	1 641.3

沿线城市绿化带将会受到高速铁路建设的影响，部分绿化用地及居住用地等转变为交通用地，附近区域的原有工业仓储用地也将转变为交通商业混合用地。不过，按照工程的"绿化通道"设计规划，铁路工程建成后，在其两侧会形成独特的城市交通绿色廊道，促进城市"绿道"的网络化，有利于形成良好的城市生态景观，发挥一定的城市还原功能。

虽然工程建设直接占用的城市土地面积仅为北京市、天津市规划市区总面积的极少部分（北京市规划市区总面积 1 041 km²，天津市区总面积 168 km²），但对于其周围地区的土地覆盖及土地利用类型的变化，具有潜在影响。随着本工程的建设，原有规划的土地利用格局将会发生变化。

（2）永久占地对农业生产和基本农田的影响分析。

在铁路永久占地 6 643.5 亩中，耕地有 4 404.3 亩，占工程全部永久占地的66.3%，其中水浇地 4 238.9 亩。这些农田 80% 以上为基本农田保护区，特别是水浇地，土地平整，灌溉条件良好，绝大部分属于基本农田保护区。工程征地将减少当地人均土地面积，影响当地的粮食产量。表 5.87 是根据京津地区的平均亩产，估算出铁路建设将造成的粮食损失。

表 5.87　粮食减产数量表

地　区	征用耕地面积/亩	亩产/（kg/亩）	减产量/（kg/亩）	附注
北京市	1 990.6	600	1 194 360	
天津市	2 413.7	600	1 448 220	
合计	4 404.3		2 642 580	

从表 5.87 可知，工程建设占用基本农田超过 4 000 亩，将造成沿线区县每年粮食减产约 264.26×10⁴ kg，对沿线经过乡镇、村庄的农业生产会产生一定的不利影响。

铁路工程征地应依照《土地管理法》《基本农田保护条例》的规定，按照"占多少、垦多少"的原则，由铁路建设单位负责开垦与所占耕地数量和质量相当的耕地，但由于本工程没有开垦造地的条件，将根据地方政府有关规定，缴纳征地补偿费、安置补助费、地表附着物和青苗补偿费、基本农田保护区耕地造地费，由地方政府通过调整土地分配，将造地费用于新的基本农田开垦、建设和中低产田的改造措施中，通过各级政府按规定的政策进行协调，可以减缓铁路工程建设征地对沿线土地利用和农业生产的影响。

（3）对林业、植被的影响分析。

工程建设将砍伐工程范围内的树木，破坏工程范围内的植被，对区域生态环境造成影响。全线共占用林地 28.4 亩，砍伐大小树木 42 700 多棵。表 5.88是工程砍伐林木数量统计表。

表 5.88　砍伐林木数量表

项目地区	砍伐小树		伐树直径/cm		
	棵	100 m²	6～20	21～40	41～60
北京市	96	160	3 120	360	30
天津市	120	220	38 390	580	46
合计	216	380	41 510	940	76

工程砍伐林木将降低植被覆盖率，影响区域生态环境，但砍伐的均属人工种植的苗圃、用材林、农村四旁林及城市绿化林木，不会对生态环境造成大的影响。

工程占用林地 28.4 亩，主要为沿线的苗圃，对林业生产影响不大。

工程建设在修筑主体工程的同时，也非常重视绿色防护和沿线的绿化及绿色通道等生态建设。工程设计采取的主要绿化措施有：

① 对部分铁路路基边坡采用喷播植草绿色防护，全线共设计喷播植草 17 550 m²；

② 对部分铁路路基边坡采用混凝土空心砖内铺草皮和种草籽防护，全线共设计铺草皮或种草籽 28 774 m²；

③ 对部分路基边坡采用拱型骨架内种紫穗槐防护，在铁路两侧排水沟外侧不影响行车安全的路段栽种灌木和乔木，每侧 3 排，株、行距 2.0 m，全线共栽植乔、灌木 2 431.854 千株；

④ 在路基两侧铁路用地界外设置客运专线绿色通道，非耕地段每侧宽 30 m，耕地段每侧宽 5 m，栽种适宜的乔、灌木。

上述防护及绿化措施在防护铁路工程的同时，有利于铁路沿线的植被恢复和生态环境改善，并将在很大程度上抵消砍伐林木带来的不良影响。

（4）工程对河流水文、农田灌溉、分（滞）洪区的影响。

① 对河流水文的影响。

该线路所经主要河流有凉水河、凤港减河、凤河、龙河、龙凤河故道、北运河、永定新河、新开河，还穿越了淀北分洪区。

上述河流除凉水河、永定新河、新开河常年有水外，其余均属季节性行洪排沥河道。

跨越上述河流时，铁路均采用桥梁形式，主要河流概况及跨河特大桥设置情况分数如下：

Ⅰ. 凉水河及凉水河特大桥。

该线路在北京通州区马驹镇附近跨过凉水河，线路位处主河槽宽 70 m，河道底宽 22 m，河道设计流量 $Q=427$ m³/s，设计水位 $H=20.86$ m。

凉水河特大桥全桥长 4 078.76 延米，采用 121 孔 32 m 简支箱梁，跨河处采用（32+40+32）m 连续结合梁，设计百年流量 $Q_{1\%}=1\,093$ m³/s，百年洪水位 $H_{1\%}=23.6$ m。

Ⅱ. 凤港减河及凤港减河特大桥。

该线路在大耕垡西跨过该河。线位处主河槽宽 70 m，两堤外脚距 130 m，

河道设计流量 $Q_{5\%}$=180 m³/s，设计水位 $H_{5\%}$=17.5 m。

凤港减河特大桥全桥长 2 142.0 延米，采用 65 孔 32 m 简支箱梁，设计百年流量 $Q_{1\%}$=324 m³/s，百年洪水位 $H_{1\%}$=18.06 m。

Ⅲ．凤河及凤河特大桥。

该线路在武清利尚屯北跨过该河。线位处主河槽宽 60 m，两堤外脚距 110 m，河道设计流量 $Q_{10\%}$=100 m³/s，设计水位 $H_{10\%}$=9.5 m。

凤河特大桥全桥长 2 829.5 延米，采用 82 孔 32 m 简支箱梁，设计百年流量 $Q_{1\%}$=273 m³/s，百年洪水位 $H_{1\%}$=10.3 m。

Ⅳ．龙河、北运河及杨村特大桥。

该线路在武清区前屯村南跨过该河。线位处主河槽宽 69 m，两堤间距 250 m，河道设计流量 $Q_{10\%}$=104 m³/s。

北运河是发源于北京昌平县的一条行洪排沥河道，该河上大下小、中间有运潮减河、清龙湾减河、筐儿港分洪闸等分流工程、河道设计过水能力 104 m³/s，相应水位 5.50 m，河堤底宽 32 m，堤顶高程 9.0 m，两堤距 180 m。

杨村特大桥同时跨越这两条河道，全桥长 23 310.5 延米，采用 309 孔 32 m 简支箱梁+522 孔 24 m 简支箱梁，跨河处采用 2 孔（40+64+40）m P.C 连续梁，设计百年流量 $Q_{1\%}$=200 m³/s，百年洪水位 $H_{1\%}$=5.53 m。

Ⅴ．永定新河及永定新河特大桥。

该线路在既有京山铁路桥下游约 50 m 跨过该河，跨河处为三堤两河形式，永定新河右堤外是永金引河。线位处永定新河主河槽宽 130 m，河道设计流量 $Q_{2\%}$=1 400 m³/s，设计水位 $H_{2\%}$=5.35 m，永金引河主河槽宽 30 m，河道设计流量 $Q_{2\%}$=200 m³/s，设计水位 $H_{2\%}$=4.05 m，总河宽 500 m。

永定新河特大桥全桥长 11 700.6 延米，采用 6 孔（32+48+32）m P.C 连续梁+1 孔 2×40 m P.C 连续梁+336 孔 32 m 简支箱梁，设计百年流量 $Q_{1\%}$=1 800 m³/s，百年洪水位 $H_{1\%}$=6.0 m。

Ⅵ．新开河（金钟河）及新开河特大桥。

新开河特大桥全桥长 2 568.6 延米，采用 67 孔 32 m 简支箱梁+2 孔 24 m 简支箱梁+1 孔（32+48+32）m P.C 连续梁+1 孔（64+96+64）m P.C 连续梁。设计行洪能力 400 m³/s。

总之，在本工程的桥梁设计中，充分考虑了桥涵的选址、跨度、孔径，桥梁布置，尽量顺河水天然流向，避免过多压缩河道，并避免大的改沟；工程设计充分考虑了沿线行洪防洪的要求，桥梁设计洪水频率为 1/100，保证了桥梁有足够的孔径排泄不超过设计频率的洪水，以避免上游壅水、涵前积水过高。桥梁设计是在进行了详细的现场水文调查和地形测绘，并充分收集历年流量和洪峰资料的基础上，经过分析、计算、比较确定的，充分考虑了桥涵对河道行洪排泄、上下游河堤河岸的影响，能够满足洪水排泄、河岸安全等要求。在全线 6 座跨河特大桥（合计 46 629.96 延米）的 1 559 座桥墩中，约有 10 个处于常年水位之下，所占比例极小，所以桥涵的设置不会对河流水文产生较大影响。

② 对分（滞）洪区的影响。

本工程在天津武清、北辰区穿越了淀北分洪区。以特大桥的形式穿越该分洪区，设计桥梁洪水位 6.0 m，大于分洪区 5.65 m 的滞洪水位，由于工程只是分洪区内修建了部分桥墩，相对于 4.12 亿立方米的滞蓄洪量，桥墩占用的容积微不足道，并且桥梁也不会改变洪水的流向、流速，工程不会对分洪区的分洪功能产生明显影响。

③ 对农田灌溉的影响。

工程沿线农业生产发达，农田排灌系统比较完善，大多数河渠排灌合一，纵横交错。农业灌溉主要依靠本流域河流沟渠的地表水，辅助于井灌地下水。

为保证农田排灌，工程设计中结合地方水利规划发展要求，设置了相应的排灌桥涵，保证了既有排灌系统的畅通。表 5.89 是工程为农田排灌设置的小桥涵统计表。

表 5.89　农田排灌小桥涵统计表

项　　目	单位	数　　量	
		小　桥	涵　洞
排　　洪	座	6	18
灌　　溉	座	0	50
排洪兼灌溉	座	0	8
合　　计	座	6	76

另外，工程还对占压的农灌机井按有关规定给予异地另建或经济补偿，对占压、影响的排灌沟渠进行了改移改建，保证了农田灌溉、排洪设施不受影响。

（5）环境振动影响。

为了准确地了解高速铁路环境振动传播特性，在京津城际铁路沿线选取测量点，获得实际参考数据，特选择京津城际铁路沿线有代表性的点位对列车经过时产生的环境振动进行测量，从而分析京津城际铁路沿线环境振动特性。主要从两个方面进行分析：京津城际铁路不同结构形式的环境振动衰减程度比较和京津城际铁路高架桥环境振动随距离的衰减趋势。

①测量主要参数及参考量。

Ⅰ. 测量主要参数。

由高速铁路列车运行引起的环境振动 z 振动级明显大于 x 振动级和 y 振动级。所以本次测量主要参考 z 振动级:

VL_{z10}:10%的振级超过此振级;VL_{z50}:50%的振级超过此振级;VL_{z90}:90%的振级超过此振级,见表 5.90 和图 5.23。

表 5.90

VL_{zmax}	VL_{z10}	VL_{z50}	VL_{z90}
最大值	平均峰值	中值	平均背景值

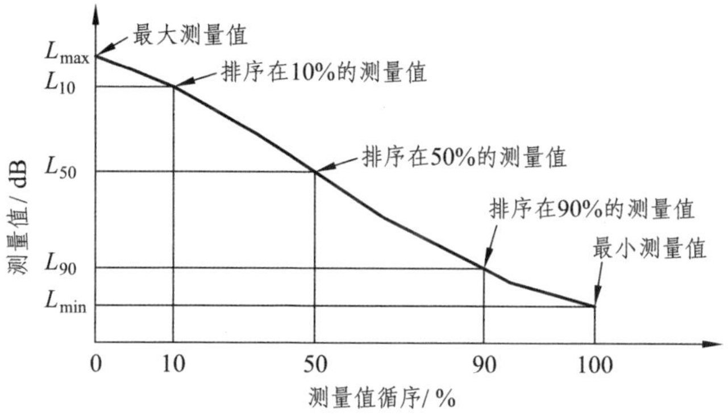

图 5.23　测量瞬时值从大到小

Ⅱ. 测量参数量。

在目前的城市快速轨道交通振动环境影响评价中,评价量的选择有两种方法,即列车通过时的环境振动最大值 VL_{zmax} 或环境振动的 VL_{z10}。在采取环境振动 VL_{z10} 作为评价量中也有两种提法,分别为:列车通过时间段的 VL_{z10};包括列车通过时间段和列车不通过时间段的整个总时段的 VL_{z10}。由于在测量过程中很难判断列车通过时间段,所以不采用列车通过时间段的 VL_{z10}。本次测量主要考虑 VL_{zmax}。

Ⅲ. 测量地点。

ⅰ. 三种不同线路形式处环境振动测量地点。

在京津线武清车站北 1 km 处,具有高架桥、路桥过渡段和路基三种基础结构形式,此处测量高架桥段的环境振动振源选择 1094 号桥墩。在该区段两侧 30 m 范围内地势平坦,无房屋及其他建筑物遮挡,视野开阔,能够及时判断列车行驶情况。该区段两侧为普通土地,有少量杂草以及少量高约 3 m 的树苗。土地较松软,测量时将测量选点尽量平整夯实,垫上表面平整的砖块,减少误差。该测量点基本满足半自由振动场的条件。列车运行速度约 330 km/h，测量当天天气晴好，测试现场见图 5.24。

图 5.24　测试现场

ii. 高架桥不同距离的环境振动测量地点。

选择京津线第 247 号桩高架桥桥墩为测量参考点。该处桥墩高 6 m，路线周围无大的遮挡物，视野开阔，能够清晰判断列车经过情况。该区段线路两侧为农田，有少量农作物。土地较松软，测量时将测量点尽量平整夯实，垫上砖块，减少误差。该处没有发生两车交会的情况。列车运行速度约 330 km/h，测量当天天气晴好，测量现场见图 5.25。

图 5.25　测量现场

Ⅳ．测量仪器。

测量仪器为 AWA6256B+型环境振动分析仪，见图 5.26。仪器在每次测量前均进行校正，符合国家相关标准。该振动分析仪是一种袖珍式高智能化的测量仪器，它既能测量全身垂向（W.B.z）计权振级（也是环境振级），又能测量全身水平计权振级，以及不计权（L）振动加速度级，性能符合 ISO 8041 或 GB/T 10071 对 2 型人体响应振动计和环境振动测量仪器的要求。

图 5.26　AWA6256B+型环境振动分析仪

根据 ISO 8041《人体对振动的响应——测量仪器》，共分 5 种频率计权特性，相应测量 5 种计权振级。本仪器内置有全身垂直计权网络和全身水平计权网络，可分别直接测量全身垂直计权振级 VL_z 和全身水平计权振级 $VL_{x\text{-}y}$。仪器还具有平直频率计权特性，用于测量非计权加速度级 VL_a。根据 GB 10070—80《城市区域环境振动标准》，城市区域环境振动采用铅垂向 z 振级，也就是全身计权振级 VL_z 作为评价量，因此本仪器可直接用于环境振动测量。

Ⅴ．测量方法及内容。

参照 GB 10071—88《城市区域环境振动测量方法》中相关规定进行测量。将 4 台环境振动仪分布于不同测点，同时启动。当列车进入测量范围后，按下启动键。测量时间设置为 10 s，约是一辆 CHR3 型列车以 330 km/h 速度完全通过观测点的时间。该环境振动仪可以记录下环境振动全身垂直计权振级 VL_z 最大值、最小值、平均峰值、平均值等指标。

Ⅵ．测点布置。

ⅰ．三种不同线路形式处环境振动测点布置。

在路桥过渡区段测量不同基础形式的高速铁路环境振动数据。在路基、桥梁、路桥过渡段三种基础形式处同时分别布置测点，并且测点距离铁路边线距离相同。布点两次，分别是为距离铁路边线距离 15 m 和 30 m。三个测量点的水平距离大于 200 m，避免相互之间的干扰。在桥梁段，选取 1094 号桥墩作为振源，布点如图 5.27 所示。

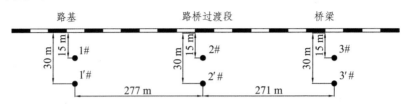

图 5.27   三种不同线路形式处环境振动测点布置图

1′#、2′#、3′#测点为距离外轨 30 m 处路堤、路桥过渡段、桥梁的监测点；1′#、2′#、3′#测点为距离外轨 15 m 处路堤、路桥过渡段、桥梁的监测点。

ii. 高架桥两侧环境振动测点布置。

在垂直铁路轨道的断面上布置测点，由于仪器数量有限，每次布设 4 个测量点，共布设 3 次。分析距离振源 60 m 以内，环境振动随距离的衰减情况。第一次布点为距离第 247 号桥墩距离为 2 m、7.5 m、15 m、30 m；第二次布点为距离第 247 号桥墩距离为 2 m、30 m、45 m、60 m；第三次布置点为距离第 247 号桥墩距离为 2 m、15 m、30 m、60 m。由于轨道两侧环境相似，仅在一侧布置测点。测点布置如图 5.28 所示。

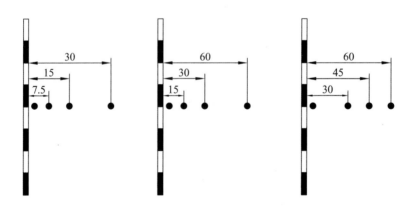

图 5.28   高架桥处环境振动测点布置图（单位：m）

② 武清车站北 1 km 处环境振动测量结果。

列车通过三种不同线路形式时最大环境振动级分析：

通过在武清车站北 1 km 处，实际测量列车通过时桥梁、路桥过渡段和路基处产生的环境振动值，且将各测点取得值做算术平均，得到测量结果如表 5.91 和图 5.29 所示。

表 5.91　不同基础形式列车通过时环境振动值

距振动源距离/m	VL_{zmax}	VL_{zzeq}	VL_{z10}	VL_{z50}	VL_{z90}
路基 15	77.81	65.18	76.08	66.38	57.08
路基 30	69.29	64.47	68.22	64.45	56.88
过渡段 15	68.81	65.19	67.68	64.85	58.68
过渡段 30	65.63	61.60	64.85	61.12	55.68
桥梁 15	69.79	65.01	69.27	64.48	57.25
桥梁 30	67.19	63.30	66.27	62.05	57.05

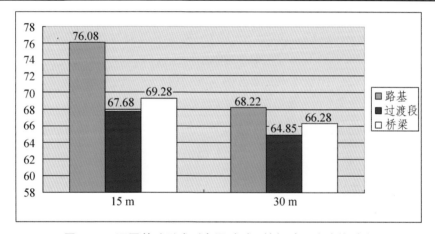

图 5.29　不同基础形式列车通过时环境振动平均峰值对比

③ 高架桥处环境振动测量结果。

以京津线张家场高架桥段第 247 号桥墩为振源，测列车通过时离铁路不同距离处的环境振动值。列车行驶速度为 330 km/h，在每个测量点测得 20 组以上数据，取实测数据的算术平均值，结果如表 5.92 ~ 表 5.94 所示。

表 5.92　第一次测量　　　　　　　　　　　　　　　　　　　　dB

距振动源距离/m	VL_{max}	VL_{10}	VL_{50}	VL_{90}	VL_{zeq}
2	87.86	87.34	77.32	54.46	82.34
7.5	77.30	76.91	66.45	48.02	77.22
15	73.84	73.45	63.18	50.24	68.88
30	67.98	67.21	56.08	49.94	63.20

表 5.93   第二次测量   dB

距振动源距离/m	VL$_{max}$	VL$_{10}$	VL$_{50}$	VL$_{90}$	VL$_{zeq}$
2	87.60	87.04	63.52	49.46	81.66
30	67.62	67.04	56.45	50.39	62.76
45	66.24	65.52	55.08	49.65	61.09
60	63.91	63.19	59.16	47.46	65.14

表 5.94   第三次测量   dB

距振动源距离/m	VL$_{max}$	VL$_{10}$	VL$_{50}$	VL$_{90}$	VL$_{zeq}$
2	88.10	87.50	77.57	55.37	82.15
15	73.52	73.10	61.68	48.89	68.31
30	68.02	67.53	59.91	50.51	63.31
60	64.14	63.58	59.04	49.35	57.05

由表 5.92 ~ 表 5.94 可看出，3 次测量当中，列车行驶速度、土层特性等影响环境振动振源强度的因素均相同，所以可将 3 次测量一起分析，将相同距离测量点的取值取算术平均，则相当于布设的测量点分别为 2 m、7.5 m、15 m、30 m、45 m、60 m。测量结果见表 5.95，实测值分布见图 5.30。

表 5.95   京津城际铁路张家场段高架桥振动随距离变化振动级算术平均值表

距振动源距离/m	VL$_{max}$	VL$_{z10}$	VL$_{z50}$	VL$_{z90}$	VL$_{zzeq}$
2	87.98	87.40	75.19	54.24	82.05
7.5	77.30	76.91	66.45	48.02	77.22
15	73.68	73.27	62.43	49.56	68.59
30	67.88	67.26	57.48	50.28	63.09
45	66.24	65.52	55.08	49.65	61.09
60	64.02	63.38	59.1	48.41	56.10

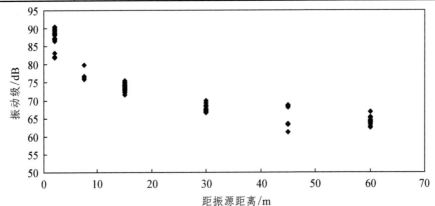

图 5.30   京津城际铁路张家场段高架桥环境振动实测值

④ 背景值影响分析。

在实际测量时，测量得到的振动记录并不仅仅是由高架轨道交通运行产生的，其他环境振动因素如其他交通车辆、建筑工地施工以及周围工厂的机器振动等均可能对测试结果产生影响，在实际测量时很难避开这些因素的影响。所以必须将这部分本地振动除去，才能正确评价高架轨道交通引起的环境振动影响。

某点振动的功率 W 与加速度有效值 a_r 之间的关系为

$$W = F v_r = m a_r \frac{a_r}{\omega} = \frac{m}{\omega} a_r^2 \qquad (5.1)$$

式中，F 为振子受的作用力；v_r 为振子的运动速度；m 为振子的质量；ω 为振子振动的频率。如不考虑 ω 的影响，有

$$W \propto a_r^2 \qquad (5.2)$$

则 n 个振动源引起振动的总功率与各个振源引起各点振动的功率之间有以下关系：

$$W = W_1 + W_2 + \cdots + W_n \qquad (5.3)$$

由式（5.2）可得

$$a_r^2 = a_1^2 + a_2^2 + \cdots + a_n^2 \qquad (5.4)$$

则

$$VL_z = 20 \lg \left(\frac{a_r}{a_0} \right) = 20 \lg \left(\frac{\sqrt{a_1^2 + a_2^2 + \cdots + a_n^2}}{a_0} \right)$$

可得

$$VL_z = 10 \lg \left(10^{\frac{L_{va1}}{10}} + 10^{\frac{L_{va2}}{10}} + \cdots + 10^{\frac{L_{van}}{10}} \right) \qquad (5.5)$$

设在测点测得的总环境振动级为 VL_{za}，背景环境振动级为 VL_{zb}，则去除背景环境振动的影响后，由式（5.5）可知

$$VL'_{z\max} = 10 \lg \left(10^{\frac{VL_{za}}{10}} - 10^{\frac{VL_{zb}}{10}} \right)$$

经现场实测，京津城际高速铁路张家场段背景环境振动强度为 48 ~ 52 dB，见表 5.96。

表 5.96　混合环境振动级与去除背景值环境振动值

距离/m	2	7.5	15	30	45	60
总振动值最大值/dB	87.98	77.3	73.68	67.88	66.24	64.02
去除背景干扰/dB	87.98	77.29	73.66	67.81	66.14	63.84

由表 5.96 可见，本次测量中，背景环境振动对测量结果的影响十分小，可以不做考虑。

（6）环境噪声影响。

① 三种不同线路形式处噪声测量地点。

京津线武清车站北 1 km，这段具有高架桥、路桥过渡段和路基三种路基形式，且周围基本开阔，地势平坦，无房屋遮挡，风速较小，硬土地面，基本满足半自由声场的条件。测试现场见图 5.31。

图 5.31　测试现场

② 高架桥两侧不同距离的噪声测量地点。

247 号桩高架桥，桥墩高 6 m，周围无大的遮挡物，较空旷，路面平坦，硬土地面，满足半自由声场的条件，风速小，天气晴好。测试现场见图 5.32。

图 5.32　测试现场

③ 声屏障对比处噪声测量地点。

237 号桩高架桥，桥墩高 6 m，此处靠近村庄的一侧设有声屏障，远离村庄的一侧没有声屏障，声屏障高度 2.5 m，且周围无大的遮挡物，路面平坦，硬土地面，满足半自由声场的条件，风速小，天气晴好。

④ 测量方法及内容。

参照《铁路边界噪声限值及其测量方法》（GB 12525—90）中的规定进行测量。将 3 台同样型号的声级计分布于不同测点，测量时间设置为 1 h，将 3 台声级计同时启动，记录下每列列车通过时的最大 A 声级 LA_{max} 及 1 h 等效连续 A 声级 L_{eq}。

⑤ 3 种不同线路形式处噪声测点布置。

在路基、桥梁、路桥过渡段 3 种线路形式处分别布置 1 个测点，测点距离铁路边线距离 30 m，测点离地面高度 1.2 m，布点图如图 5.33 所示。

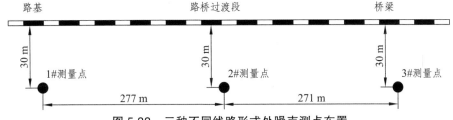

图 5.33　三种不同线路形式处噪声测点布置

1#点测量路基形式的列车噪声，2#点测量路基桥梁过渡段形式的列车噪声，3#点测量桥梁形式的列车噪声，路基和桥梁高度基本一致。

Ⅰ.高架桥两侧噪声测点布置。

在垂直铁路轨道的断面上布置测点，第一次布置距离铁路轨道中心线距离为 15 m、30 m、60 m、90 m，第二次布置距离铁路轨道中心线距离为 30 m、45 m、60 m、90 m，由于轨道两侧环境相似，仅在一侧布置测点，测点布置如图 5.34 所示。

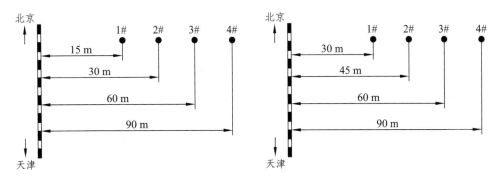

图 5.34　高架桥处噪声测点布置

Ⅱ.声屏障对比处噪声测点布置。

为了同时测量有声屏障和没有声屏障两侧的噪声，在有声屏障和无声屏障两侧距离铁路轨道中心线等距离处布置测点，测点位于 30 m 和 60 m，声屏障高度为 2.5 m，测点布置如图 5.35 所示。

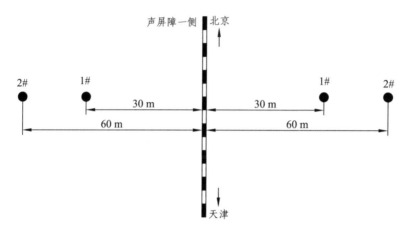

图 5.35　声屏障对比处噪声测点布置

⑥ 列车通过三种不同线路形式时的最大声级分析。

为了研究桥梁、路桥过渡段和路基三种不同线路形式对噪声产生的影响，同时对三种线路形式处的噪声进行测量，本处选取测点为武清车站北 1 km 处，桥梁、路桥过渡段和路基的最大噪声值测量结果如表 5.97 所示。

表 5.97　不同线路形式列车通过时最大噪声值

测量时段	运行方向	北京→天津			天津→北京		
	线路形式	路基	路桥过渡段	桥梁	路基	路桥过渡段	桥梁
7：10～ 8：10	最大声级 /dB(A)	91.6	96.2	87.2	87.7	94.3	87.1
		91.4	94.7	87.7	85.0	92.3	83.8
		92.2	97.2	88.1	87.6	93.5	85.9
		91.7	95.8	88.0	85.6	92.3	85.3
9：20～ 10：20		92.7	94.9	87.0	86.5	92.5	86.4
		92.0	94.0	87.4	86.6	91.3	84.1
		92.7	94.5	88.4	87.1	91.2	84.8
		92.9	94.7	88.3	85.7	92.4	84.8

在测量过程中，车辆的行驶方向不同，因此噪声源离测点的距离也不同。分别对同一个行驶方向的列车运行产生的噪声进行分析，分析结果如图 5.36 和图 5.37 所示。

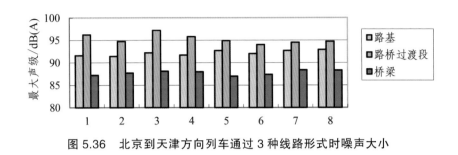

图 5.36　北京到天津方向列车通过 3 种线路形式时噪声大小

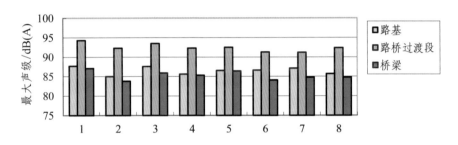

图 5.37　天津到北京方向列车通过 3 种线路形式时噪声大小

从表 5.97、图 5.36、图 5.37 中可以看出，在 3 种线路形式中，列车在通过路桥过渡段时的辐射噪声最大，其次是列车通过路基时的辐射噪声，列车通过桥梁时辐射噪声最小，即 $L_{\max 路桥} > L_{\max 路基} > L_{\max 桥梁}$。当列车从北京开往天津时，路桥过渡段噪声声级在 94.0 ~ 97.2 dB(A)，路基段噪声声级在 91.4 ~ 92.9 dB(A)，桥梁段噪声声级在 87.0 ~ 88.1 dB(A)，列车通过路桥过渡段比通过路基段产生的辐射噪声高 1.8 ~ 5.0 dB(A)，通过路基段比通过桥梁段产生的辐射噪声高 3.7 ~ 5.7 dB(A)；当列车从天津开往北京时，路桥过渡段噪声声级在 91.2 ~ 94.3 dB(A)，路基段噪声声级在 85.0 ~ 87.7 dB(A)，桥梁段噪声声级在 83.8 ~ 87.1 dB(A)，列车通过路桥过渡段比通过路基段产生的噪声高 4.1 ~ 7.3 dB(A)，通过路基段比通过桥梁段产生的噪声高 0.1 ~ 2.5 dB(A)。

⑦ 列车通过 3 种不同线路形式时等效声级分析。

列车通过武清车站北 1 km 处桥梁、路桥过渡段和路基时的噪声等效值测量结果如表 5.98。

表 5.98　不同线路形式列车通过时 1 小时等效声级值

测量时段	测量内容	线路形式		
		路基	路桥过渡段	桥梁
7：10～8：10	1 小时等效声级/dB(A)	64.7	72.5	64.6
9：20～10：20	1 小时等效声级/dB(A)	67.6	72.4	66.6
	背景值	60.9	66.4	61.0

根据《铁路边界噪声限值及其测量方法》(GB 12525—90)中背景值修正的要求，背景噪声应比实测的铁路噪声低 10 dB(A)以上；若两者声级差值小于 10 dB(A)，应按照表 5.99 的标准对实测铁路噪声进行修正。

表 5.99　背景噪声修正值

差值	<3	3	4～5	6～9
修正值	测量无效	−3	−2	−1

根据要求，将表 5.98 中的数据按照要求进行修正，见表 5.100。

表 5.100　不同路基形式列车通过时 1 小时等效声级值

测量时段	测量内容	线路形式		
		路基	路桥过渡段	桥梁
7：10～8：10	1 小时等效声级/dB(A)	61.7	71.5	61.6
9：20～10：20	1 小时等效声级/dB(A)	66.6	71.4	64.6

从表 5.100 可以看出，在测量的 3 种线路形式中，列车在通过路桥过渡段时产生的噪声 1 h 等效声级最大，其次是路基段，列车通过桥梁段时产生的噪声 1 h 等效声级最小，即 $L_{eq路桥} > L_{eq路基} > L_{eq桥梁}$。

⑧ 高架桥处噪声测量结果分析。

为了分析京津城际铁路高架桥处噪声随距离变化的规律，选择张家场处高架桥 247 号墩处测量列车运行辐射噪声，噪声测量结果如表 5.101 和表 5.102 所示。

表 5.101　第一时段噪声与距离关系

距离/m	15	30	60	90
最大声级/dB(A)	82.0	86.9	88.9	78.8
	89.2	90.0	92.5	82.8
	81.0	84.1	88.0	77.8
	84.8	86.5	90.0	79.2
	81.3	82.4	87.6	77.1
	87.3	90.0	91.7	81.9
	80.7	81.7	87.4	77.2
1 小时等效声级/dB(A)	60.8	64.6	67.9	59.3

表 5.102   第二时段噪声与距离关系

距离/m	30	45	60	90
	86.7	85.7	89.1	77.4
	89.4	89.5	91.6	81.0
最大声级/dB(A)	89.4	88.1	91.8	81.5
	84.5	84.8	87.8	78.1
	89.8	90.3	91.9	82.1
1 小时等效声级/dB(A)	65.3	64.7	78.1	59.3

对测得的结果进行分析，结果见图 5.38 和图 5.39。

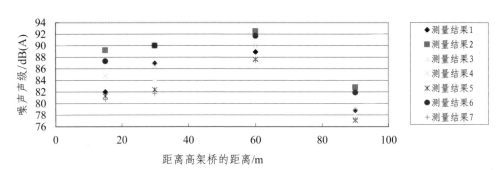

图 5.38   第一时段噪声随距离变化特性图

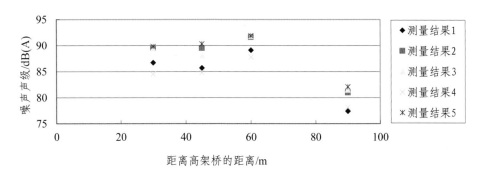

图 5.39   第二时段噪声随距离变化特性图

5.3.2.5   运营期绿色铁路评价实例

（1）权重的确定。

在高速铁路绿色铁路评价中，6 位专家对运营期高速铁路评价中的节能降耗、环境污染治理、安全舒适、绿化 4 个方面进行判断，判断矩阵如下：

$$A_1 = \begin{pmatrix} 1 & 4 & 3 & 3 \\ 2 & 1 & 2 & 1 \\ 1/3 & 1/2 & 1 & 2 \\ 1/3 & 1 & 1/2 & 1 \end{pmatrix}, \quad A_2 = \begin{pmatrix} 1 & 3 & 3 & 2 \\ 1/3 & 1 & 2 & 2 \\ 1/31 & 2 & 1 & 1 \\ 1 & 1/2 & 1 & 1 \end{pmatrix}$$

$$A_3 = \begin{pmatrix} 1 & 2 & 2 & 2 \\ 1/2 & 1 & 3 & 2 \\ 1/2 & 1/3 & 1 & 2 \\ 1/2 & 1/2 & 1/2 & 1 \end{pmatrix}, \quad A_4 = \begin{pmatrix} 1 & 3 & 2 & 3 \\ 3 & 1 & 3 & 2 \\ 1/2 & 1/3 & 1 & 1 \\ 1/3 & 1/2 & 1 & 1 \end{pmatrix}$$

$$A_5 = \begin{pmatrix} 1 & 2 & 3 & 2 \\ 1/2 & 1 & 2 & 1 \\ 1/3 & 1/2 & 1 & 1 \\ 1/2 & 1 & 1 & 1 \end{pmatrix}, \quad A_6 = \begin{pmatrix} 1 & 3 & 2 & 1 \\ 1/3 & 1 & 2 & 1 \\ 1/2 & 1/2 & 1 & 1 \\ 1 & 1 & 1 & 1 \end{pmatrix}$$

归一化后得到

$$w = \begin{pmatrix} 0.506\ 8 & 0.187\ 3 & 0.172\ 6 & 0.136\ 9 \\ 0.455\ 9 & 0.243\ 2 & 0.140\ 8 & 0.160\ 1 \\ 0.378\ 8 & 0.302\ 0 & 0.181\ 6 & 0.137\ 6 \\ 0.449\ 1 & 0.268\ 8 & 0.146\ 4 & 0.135\ 8 \\ 0.417\ 0 & 0.227\ 7 & 0.185\ 3 & 0.170\ 0 \\ 0.370\ 4 & 0.220\ 7 & 0.171\ 0 & 0.237\ 9 \end{pmatrix}$$

进行相似性判断并对判断结果聚类，聚类结果如图 5.40 所示。

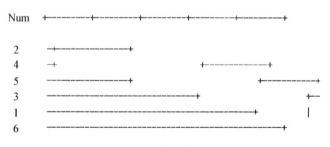

图 5.40　系统聚类图

明显可以将专家分成 3 类：第一类有 2 位专家，编号为 4、5，第一类有 3 位专家，编号为 2、4、5；第二类有 1 位专家，编号为 3；第三类有 2 位专家，编号为 1、6。得到专家权重向量为 W = (2/14, 3/14, 1/14, 3/14, 3/14, 2/14)。由式（4.21）得到最终权重向量为 W^* = (0.311 2, 0.265 5, 0.241 7, 0.181 6)。

营运期间高速铁路绿色铁路评价指标和权重见表 5.103。

表 5.103 营运期间绿色铁路评价

一级指标	权重	二级指标	权重	三级指标
节能降耗	0.311 2	减排	0.5	化学需氧量排放量下降百分比 C_1
				二氧化硫排放量下降百分比 C_2
		节能	0.5	单位运输工作量综合能耗 C_3
				清洁能源利用 C_4
环境污染治理	0.265 5	噪声	0.341 5	噪声治理率 C_5
		振动	0.312 6	振动治理率 C_6
		电磁干扰	0.148 9	电磁干扰防护情况 C_7
		固体废物	0.101 4	固体废物处置率 C_8
		污水	0.095 7	污水达标排放率 C_9
安全舒适	0.241 7	线路病害	0.333 3	线路病害率 C_{10}
				沿线防护程度 C_{11}
		舒适度	0.666 7	旅行环境舒适度 C_{12}
绿化	0.181 6	铁路沿线绿化	0.333 3	铁路沿线绿化率（2009 年全国铁路平均 45%）C_{13}
		站场绿化	0.666 7	站场绿化率 C_{14}

（2）运营期京津城际高速铁路绿色铁路评价。

建立评语集 V ={优，良，中，较差，差}={5，4，3，2，1}，选择 6 位专家第二层评价因子进行评价，组成评价者集 P={P_1，P_2，P_3，P_4，P_5，P_6}，第二层评价因子评价结果如表 5.104 所示。

表 5.104 单因子评价结果

	C_1	C_2	C_3	C_4	C_5	C_6	C_7	C_8	C_9	C_{10}	C_{11}	C_{12}	C_{13}	C_{14}
P_1	4	4	2	2	3	2	2	4	4	4	4	4	3	3
P_2	4	4	3	2	2	3	3	3	3	3	4	4	2	2
P_3	3	3	2	2	3	2	2	3	3	3	4	3	3	3
P_4	4	3	3	3	3	3	3	3	3	3	4	3	3	2
P_5	4	4	3	2	3	3	2	3	3	5	4	3	2	2
P_6	3	4	3	2	3	2	3	4	3	5	4	4	4	3

$$\boldsymbol{R}_{11} = \begin{pmatrix} 0 & 0 & 2/6 & 4/6 & 0 \\ 0 & 0 & 2/6 & 4/6 & 0 \\ 0 & 2/6 & 4/6 & 0 & 0 \\ 0 & 1/6 & 5/6 & 0 & 0 \\ 0 & 5/6 & 1/6 & 0 & 0 \end{pmatrix}, \quad \boldsymbol{R}_{12} = \begin{pmatrix} 0 & 2/6 & 4/6 & 0 & 0 \\ 0 & 3/6 & 3/6 & 0 & 0 \\ 0 & 3/6 & 3/6 & 0 & 0 \\ 0 & 0 & 4/6 & 2/6 & 0 \\ 0 & 0 & 4/6 & 2/6 & 0 \end{pmatrix}$$

$$\boldsymbol{R}_{13} = \begin{pmatrix} 0 & 0 & 4/6 & 2/6 & 0 \\ 0 & 0 & 0 & 4/6 & 2/6 \\ 0 & 0 & 2/6 & 4/6 & 0 \end{pmatrix}, \quad \boldsymbol{R}_{14} = \begin{pmatrix} 0 & 2/6 & 3/6 & 1/6 & 0 \\ 0 & 4/6 & 2/6 & 0 & 0 \end{pmatrix}$$

第二层单因素评价结果如下：

$\boldsymbol{B}_1 = \boldsymbol{W}_1 \times \boldsymbol{R}_{11} = (0, 0.291\,7, 0.375\,0, 0.333\,3, 0)$

$\boldsymbol{B}_2 = \boldsymbol{W}_2 \times \boldsymbol{R}_{12} = (0, 0.344\,6, 0.589\,8, 0.065\,7, 0)$

$\boldsymbol{B}_3 = \boldsymbol{W}_3 \times \boldsymbol{R}_{13} = (0, 0, 0.333\,4, 0.611\,2, 0.055\,6)$

$\boldsymbol{B}_4 = \boldsymbol{W}_4 \times \boldsymbol{R}_{14} = (0, 0.555\,5, 0.388\,9, 0.055\,6, 0)$

第一层综合评价为

$$\boldsymbol{B} = \boldsymbol{W}_0^* \times \boldsymbol{R}_B = [0.311\,2, 0.265\,5, 0.241\,7, 0.181\,6] \times$$

$$\begin{pmatrix} 0 & 0.291\,7 & 0.375\,0 & 0.333\,3 & 0 \\ 0 & 0.344\,6 & 0.589\,8 & 0.065\,7 & 0 \\ 0 & 0 & 0.333\,4 & 0.611\,2 & 0.055\,6 \\ 0 & 0.555\,5 & 0.388\,9 & 0.055\,6 & 0 \end{pmatrix}$$

$$= [0, 0.283\,1, 0.424\,5, 0.279\,0, 0.013\,4]$$

代入计算得

$$1 \times 0 + 0.283\,1 \times 2 + 0.424\,5 \times 3 + 0.279\,0 \times 4 + 0.013\,4 \times 5 = 3.022\,7$$

取整得 3，故京津城际高速铁路的绿色铁路评价综合结果为"中"。

结束语

　　绿色铁路是一种新型的运输理念，是"资源节约型、环境友好型"的运输工具。它有利于"节约资源和保护环境"，有利于绿色经济、低碳经济和循环经济的发展。在绿色 GDP 已日益成为国民经济发展目标的当代，为了适应绿色 GDP 而提出的绿色铁路理念，对实现铁路的可持续发展以及提高铁路在绿色 GDP 中的贡献度，都具有深远的理论意义和重要的实际价值。

　　本书提出了绿色铁路的概念，初步建立了绿色铁路的理论，进行了绿色铁路的评价，并以大量的实例佐证了这一理论，得出如下结论：

　　（1）铁路作为一种重要的陆地交通工具，它载运量大，在大宗、大流量的中长以上距离的客货运输方面具有绝对优势，加快发展铁路、建成绿色铁路，对缓解我国能源紧张局面、减少石油消耗将起到重要作用，对建设资源节约型、环境友好型社会，促进国民经济可持续发展具有重要的意义。

　　（2）铁路建设和运营在促进社会经济发展的同时，对生态环境也会造成较大的影响，甚至破坏。在铁路建设期对生态环境和社会环境的影响对象包括：土地资源利用、野生动物、湿地、自然保护区、风景名胜区、重点文物保护单位、脆弱生态环境、水土流失、景观、次生灾害、声学环境、水环境、大气环境、固体废弃物等。在铁路运输期对生态环境和社会环境的影响对象包括：声环境、电磁环境、水环境、固体废弃等。为了解决铁路运输对生态环境的影响，避免超过环境的最大承载能力，产生了可持续发展的绿色铁路交通运输理念。

　　（3）绿色铁路理论的基础是可持续发展理论，它是绿色理论的应用和扩展，是以环境价值为尺度，在确保铁路运输安全、快捷、高效的条件下，不断减小铁路及配套设施对生态环境的负面影响，使铁路成为具有可持续发展能力运输工具的理论。

　　（4）绿色铁路即在规划、设计、施工、运营中，运用各种绿色技术，使环境保护、节能降耗、生态平衡、人文景观、安全舒适等方面达到人与自然的和谐、人与社会的和谐，具有良好的经济效益和可持续发展能力的铁路。它的研究内容不仅包括了传统铁路环境保护，还包括了铁路建设中的国土资源利用、地质灾害防治、人文景观治理、文物古迹维护，以及铁路运营和维护中的环境性、安全性、舒适性、清洁性、美观性甚至经济学等诸多方面。

（5）绿色铁路评价的研究是绿色铁路理论的具体应用。绿色铁路评价的研究首先需要构建绿色铁路指标体系，然后选择合适的评价方法进行评价。因此，其研究包括了评价的指标体系和评价体系的研究。绿色铁路指标体系的研究包括：绿色铁路指标体系的构建，绿色铁路评价指标的筛选，最后建立绿色铁路评价指标体系。绿色铁路评价的研究包括：绿色铁路评价的概念模型，绿色铁路评价指标的量化及权重的确定，铁路绿色指数与估算模型，绿色铁路评价方法的选择及建模，最后进行绿色铁路的评价。

（6）绿色铁路从概念到基本理论的研究，再到评价理论及应用的研究，可以说，只是绿色铁路理论及其应用研究的一部分，而对绿色铁路理论及其应用的广泛深入研究，还必须进行绿色铁路工程化关键技术的分析研究。这些工程化关键技术包括绿色铁路节能减排工程化关键技术、绿色铁路生态保护工程化关键技术、绿色铁路环境治理工程化关键技术、绿色铁路灾害防治工程化关键技术、绿色铁路水土保持工程化关键技术、绿色铁路景观绿化工程化关键技术等 6 大领域。相信这些工作的完成，将建立一个完整系统的绿色铁路理论及其应用体系。

参 考 文 献

[1] 福克纳. 美国经济史：上册. 北京：商务印书馆，1989.

[2] 丁·布卢姆. 美国的历程：上册. 北京：商务印书馆，1995.

[3] 李国祁. 中国早期的铁路经营. 台北："中央研究院近代史研究所"，1961.

[4] 刘金声，曹洪涛. 中国近现代城市的发展. 北京：中国城市出版社，1998.

[5] 王旭，黄柯可. 城市社会的变迁. 北京：中国社会科学出版社，1998.

[6] 张玉芬. 交通运输与环境保护. 北京：人民交通出版社，2003.

[7] 埃尔旺泽·冈瑟. 有益于环境的铁路运输方式. 中国铁路，1996，10：36-37.

[8] 田中真一. 日本铁路环境保护问题. 铁道建筑，1995，1：30-35.

[9] 铁道部环境保护考察团. 国外铁路环境保护工作. 铁道劳动安全卫生与环保，2003，30（1）：5-8.

[10] 法国国营铁路的环境保护措施. 徐娟，编，译.中国铁路，1995，8：40-42.

[11] 高田润，等. 铁路运输与其他运输方式环境负荷的对比分析. 国外内燃机车，2003（4）：27-31.

[12] 张二田，等. 日本铁路的环境保护对策. 铁路运输与经济，2003，20（11）：57-58.

[13] 郑陵. 东日本铁路公司的环保措施. Rail International，1997，5：46-49.

[14] 别洛乌索夫. 苏联城市规划设计手册. 北京：中国建筑工业出版社，1984.

[15] 拉夫洛夫. 大城市改建. 北京：中国建筑工业出版社，1991.

[16] [日]系山雅史. 700 系新干线用空气净化器的开发. 国外铁道车辆，2002，4：39-41.

[17] 神津. 列车厕所技术. 国外铁道车辆，1999，1：14-15.

[18] 刘勇. 我国交通运输方式优先发展的战略模式及政策取向. 中国经贸导刊，2005（2）：31-32.

[19] 李群仁，甘奋欣，张力. 京沪走廊各种运输方式的社会成本. 中国铁路，1999（6）：6-9.

[20] 张力，李群仁. 几种主要运输方式的外部成本计算分析. 铁道运输与经济，

2000（12）：36-38.

[21] 邱均平，文庭孝，等. 评价学　理论·方法·实践. 北京：科学出版社，
2010.

[22] 朱连标. 铁路电力牵引工频电磁场现场职业卫生学调查. 中国职业医学，
2001，28（6）：29-30.

[23] 潘伦典. 电力牵引变电站和接触网工频电磁场的卫生学调查. 铁道劳动卫
生通讯，1979（3）：58-60.

[24] 阮志刚，潘伦典，郁增舜，等. 铁路电力牵引工频高压电磁场强度的调查.
铁道劳动安全卫生与环保，1993（4）：249-252.

[25] 潘伦典，郁增舜，阮志刚，等. 电力牵引工频高压电磁场对人体健康的影
响. 中华劳动卫生职业病杂志，1993，11（6）：359-361.

[26] 焦大化. 城市铁路规划的噪声控制原则. 铁道劳动安全卫生与环保，2004，
31（3）：107-110.

[27] 焦大化. 高架铁路噪声预测方法. 铁道劳动安全卫生与环保，2002，29（1）：
25-29.

[28] 钱天鸣. 城市铁路噪声环境影响及防治对策. 环境污染与防治，2001，23
（1）：40-46.

[29] 张秀华. 低车流量铁路环境噪声测量方法初探. 铁道劳动安全卫生与环
保，2000，27（2）：92-93.

[30] 张秀华，郑天恩，乔玲. 不同人群对铁路噪声主观反应影响的探讨. 铁道
劳动安全卫生与环保，1999，26（2）：105-108.

[31] 郭原，罗旭武. 地面铁路噪声辐射的最简监测预测方法. 煤矿环境保护，
1994，8（3）：58-59.

[32] 翟国庆，张邦俊，姚玉鑫. 利用 GM（1，1）模型的数值解法计算铁路噪
声与振动的传播. 浙江大学学报：理学版，2000，27（2）：193-195.

[33] 林国斌. 德国铁路环境噪声评价计算规范的研究与借鉴. 噪声与振动控
制，1998（2）：18-22.

[34] 徐志胜，翟婉明，王其昌. 轨道刚度对高速轮轨系统振动噪声的影响. 噪
声与振动控制，2004（4）：15-18.

[35] 郑天恩，乔玲，马笃. 铁路干线两侧铁路噪声过渡带宽度的探讨. 铁道劳
动安全卫生与环保，1999，26（1）：1-4.

[36] 韦文利，王海湘. 高速铁路的环境保护：话说高速铁路之十三. 铁道知识，

2002（01）.

[37] 张杰，陈峰. 铁路建设的环境问题与对策研究. 交通环保，2000（5）：39-41.

[38] 孙志东，谢林平，詹颂. 可持续发展战略导论. 广州：中山大学出版社，1997.

[39] 王军. 可持续发展. 北京：中国发展出版社，1997.

[40] 李泊明. 环境与可持续发展. 天津：天津人民出版社，1998.

[41] 周翎民. 21 世纪全面发展中国的轨道运输：我国交通运输发展战略的理性选择. 大连铁道学院学报，1996，17（1）：1-9.

[42] 国家统计局. 2005 年全国统计年鉴. 北京：中国统计出版社，2005.

[43] 王梦恕. 21 世纪的铁路. 北京：清华大学出版社，2001.

[44] 甘德建. 绿色技术和绿色技术创新：可持续发展的当代形式. 社会科学，2003，11（2）：22-25.

[45] 白雪梅. 社会协调发展的测度方法. 统计与决策，1998，1：6-7.

[46] 曲福田. 可持续发展的理论与政策选择. 北京：中国经济出版社，2000.

[47] 郭亚军. 综合评价理论与方法. 北京：科学出版社，2002.

[48] 雷四兰，钟荣丙. 中国农业可持续发展指标体系的系统探索. 系统辩证学学报，2002（7）：30-34.

[49] 王伟中，黄晶，等. 中国可持续发展指标体系建设的理论与实践. 中国软科学，1999（9）：38-44.

[50] 郝永红，韩文辉，李晓明. 区域可持续发展指标体系研究. 生产力研究，2002（3）：120-123.

[51] 李金华. 中国可持续发展核算体系. 北京：社会科学文献出版社，2000.

[52] 马乃喜. 生态环境保护理论与实践. 西安：陕西人民出版社，2001.

[53] 全川. 可持续发展指标体系研究进展. 上海：上海科学出版社，1997.

[54] 刘重庆，张连有. 国外铁路主要技术领域发展水平与趋势. 北京：中国铁道出版社，1994.

[55] 徐行方，陈家勇. 提高繁忙区段旅客列车对数的途径. 同济大学学报，2001，29（2）：242-245.

[56] 侯德杰. 关于繁忙干线开"天窗"修理的意见. 铁道建筑，1997（12）：2-5.

[57] 李夏苗，谢如鹤. 论交通运输与能源的关系. 综合运输，1999（10）：23-27.

[58] 佟立本. 铁道概论. 北京：中国铁道出版社，1999.

[59] 郑启浦. 京九铁路沿线生态环境分析及治理措施. 铁道工程学报，1994，3

（1）：105-114.

[60] 徐泽水. 层次分析新标度法. 系统工程理论与实践，1998，18（1）：74-77.

[61] 叶清如，王萍锋，叶宏. 恩格尔系数衡量城镇居民生活水平适用性. 宁波大学学报：理工版，2003，16（3）：262-270.

[62] 国家统计局. 2006 年全国统计年鉴. 北京：中国统计出版社，2006.

[63] 杨少华，彭维湘. 对社会不公平程度的度量. 统计观察，2006，9：76-78.

[64] 国家质检总局，国家统计局. 制造业质量竞争力指数.

[65] 王革华，田雅林. 能源与可持续发展. 北京：化学工业出版社，2004.

[66] 李双成，杨勤业. 中国森林资源动态变化的社会经济学初步分析. 地理研究，1999（1）：2-3.

[67] 刘昌明，何希吾. 中国 21 世纪水问题方略. 北京：科学出版社，1998.

[68] 万本太，王文杰，张建辉，等. 中国生态环境质量优劣度评价. 中国环境监测，2003，19（4）：46-53.

[69] TB 10501—98 铁路工程环境保护设计规范. 北京：中国铁道出版社，1999.

[70] 魏永幸，杨建国. 边坡地质灾害防治技术研究. 地质灾害与环境保护，2000，11（3）：230-233.

[71] 石文慧. 论中国铁路地质灾害问题. 中国地质灾害与防治学报，1991（1）：1-6.

[72] 甄春相. 宝鸡至天水铁路工程地质环境遥感分析. 国土资源遥感，1994，21（3）：34-39.

[73] 蔡双乐，高文泉. 京原线地质病害遥感调查. 铁道勘察，2004，4：50-54.

[74] 史振凯. 陇海铁路宝天段地质病害的遥感判释及分布规律的探讨. 铁道勘察，1992（2）：28-32.

[75] 王映雪，张洪. 内昆铁路云南段沿线区域生态环境恢复与保护. 云南财贸学院学报，2001（17）：159-162.

[76] 张光暹，郑黎明. 山区铁路沿线地质灾害及科技减灾对策. 路基工程，1993（1）：4-6.

[77] 甄春相. 石太铁路地质病害遥感调查. 铁道勘察，2004（2）：37-40.

[78] 付永胜，蒋跻光. 铁路地质灾害的基本状况原因及其对策. 中国地质灾害与防治学报，1992，3（2）：83-85.

[79] 马建军. 试论铁路环境工程地质问题. 路基工程，1999（2）：25-28.

[80] 李明明. 铁路施工与地质环境. 铁道知识，1995（5）：12-13.

[81] 白云峰，周德培，王科，等. 渝怀铁路沿线滑坡成因分析. 地质与勘探，2004，40（6）：88-91.

[82] 甄春相. 枝城：柳州铁路地质灾害研究. 中国地质灾害与防治学报，2000，11（2）：97-99.

[83] 蒋忠信. 南昆铁路地质灾害与防治. 铁道工程学报，2001（1）：83-88.

[84] 成都铁路局工务处. 成昆铁路北段泥石流整治. 铁道工程学报，1986（4）：153-157.

[85] 郑明新. 京九铁路赣南段滑坡及路基病害的评估和预测. 华东交通大学学报，2000，17（3）：1-5.

[86] 郑家庆. 陇海兰新铁路沿线自然灾害规划探讨. 临沂师范学院学报，2000，22（6）：52-54.

[87] 傅伯杰，陈利顶，马克明，等. 景观生态学原理及应用. 北京：科学出版社，2001.

[88] 王连芬，许树柏. 层次分析法引论. 北京：中国人民大学出版社，1990.

[89] 中国系统工程学会层次分析法专业学组. 决策科学与层次分析法. 青岛：青岛海洋大学出版社，1992.

[90] 张勇慧，林焰，纪卓尚. 基于 AHP 的运输船舶多目标决策综合评判. 系统工程理论与实践，2002，22（11）：129-131.

[91] 金菊良，杨晓华，丁晶. 标准遗传算法的改进方案：加速遗传算法. 系统工程理论与实践，2001，21（4）：128-131.

[92] 李如忠，张元禧. 河流水污染控制系统区域最优化规划方法探讨. 合肥工业大学学报：自然科学版，2000，23（3）：376-379.

[93] 张晨光，吴泽宁. 层次分析法比例标度的分析与改进. 郑州工业大学学报，2000，21（2）：85-87.

[94] 汤兵勇，路林吉，王文杰. 模糊控制理论与应用技术. 北京：清华大学出版社，2002.

[95] 袁曾任. 人工神经元网络及其应用. 北京：清华大学出版社，1999.

[96] 曾珍香，顾培亮. 可持续发展的系统分析与评价. 北京：科学出版社，2000.

[97] 吴延熊. 区域森林资源可持续发展动态评价的理论探讨. 北京林业大学学报，1999，21（1）：62-67.

[98] 尹朝庆，尹皓. 人工智能与专家系统. 北京：中国水利水电出版社，2002.

[99] 王寿兵. 对传统生物多样性指数的质疑. 复旦大学学报：自然科学版，

2003，42（6）：867-874.

[100] 陆东福. 加快推进铁路项目前期工作确保铁路建设顺利进行. 中国铁路，2006（9）：1-5.

[101] 铁道部. 铁路"十一五"规划. 中国铁路，2006（11）.

[102] 李礌. 试论建立铁路资金管理体系. 中国铁路，2003（11）.

[103] 张飞涟. 铁路建设项目后评价理论与方法的研究. 长沙：中南大学，2004.

[104] 王麟书. "九五"铁路建设成就可喜. 铁道知识，2001（2）：2-3.

[105] 中国铁路行业未来发展趋势. 财经界，2007（5）：68-70.

[106] 中国铁路辉煌"十五". 路基工程，2006（2）.

[107] 安国栋. 围绕和谐铁路建设：贯彻新的建设理念：又好又快地推进大规模铁路建设. 理论学习与探索，2007（2）.

[108] 申元村，张众涛. 我国脆弱生态环境形成演变原因及其区域分异探讨. 生态环境综合整治和恢复技术研究：第一集. 北京：科学技术出版社，1992：38-45.

[109] 骆武伟. 铁路运输业环境保护的现状及发展. 铁道技术监督，2004（3）：1-3.

[110] 冯薇. 我国环境保护的现状及对策. 郑州航空工业管理学院学报：管理科学版，2004，22（4）：97-99.

[111] 郭祥，孔祥明. 科学发展观与绿色 GDP. 市场周刊：研究版，2005，4：124-125.

[112] 李成芝，李力，邓崇林，等. 成都铁路运输企业环境污染现状调查. 铁道劳动安全卫生与环保，2003，30（1）：49-50.

[113] 张杰，陈峰. 铁路建设的环境问题与对策研究. 交通环保，2000（5）：39-41.

[114] 李京荣，王家骥，娄安如，等. 浅析铁路建设对生态环境的影响. 环境科学研究，2002，15（5）：58-61.

[115] 郑启浦. 如何评价新建铁路工程对生态环境的影响. 铁道工程学报，1999（3）：140-147.

[116] 铁路环境保护规定.

[117] 贾国荃. 铁路建设项目的环境保护管理. 铁路环保，2003（1）：46.

[118] 铁路建设项目"三同时"管理办法. 铁道劳动安全卫生与环保，1995（5）：241-242.

[119] 白晓军，陈泽昊. 从青藏铁路看铁路、公路等线性交通工程施工期环境监理.

[120] 蔡惟瑾. 铁路企业实施 ISO 14001 环境管理体系的现状与思考. 铁道劳动安全卫生与环保，2005（5）：233-240.

[121] 发展中国家的环境影响评价. 吴廷熊，等，译. 北京：中国林业出版社，2000.

[122] 谢海. 加强铁路建设的环境保护与影响评价. 铁道运输与经济，2006（2）：4-5.

[123] 王玉兴，王有清. 交通建设项目环境影响评价现状与展望. 交通环保，2001，22（1）.

[124] 国家环保局监督管理司. 中国环境影响评价培训教材. 北京：化学工业出版社，2000.

[125] 国家环保局. 环境影响评价技术导则. 北京：中国环境科学出版社，1994.

[126] 陆雍森. 环境评价. 2 版. 上海：同济大学出版社，1999.

[127] 郑启浦. 如何评价新建铁路工程对生态环境的影响. 铁道工程学报，1999（3）：140-147.

[128] 任淮秀，汪昌云. 建设项目后评价理论与方法. 北京：中国人民大学出版社，1992.

[129] 郭红. 项目后评价的意义. 山东经济战略研究，2001（8）.

[130] 林伟军. 要重视投资项目的后评价工作. 上海综合经济，1998（9）.

[131] 裴效. 从项目后评价看提高投资效益问题. 中国投资，1997（4）.

[132] 沈毅，吴丽娜，王红瑞，等. 环境影响后评价的进展及主要问题.

[133] 刘志东. 现行环境影响评价制度存在的问题及建议. 中国环境报，1995-12-02（3）.

[134] 张钢. 我国环境影响评价制度执行中存在的问题及对策. 环境导报，1995（6）.

[135] 徐本良. 总结经验进一步做好环境影响评价工作. 环境保护科学，2000（1）：43-44.

[136] 马宁，蒲浩，詹振炎. 铁路工程环境影响模糊综合评价. 铁道工程学报，2001（3）.

[137] 程胜高，罗则娇. 环境生态学. 北京：化学工业出版社，2003.

[138] 赵跃龙. 中国脆弱生态环境类型分布及其综合整治. 北京：中国环境科学

出版社，1999.

[139]　曹光杰. 中国生态环境问题分析. 临沂师范学院学报，1999（3）.

[140]　胡鞍钢. 中国生态环境问题及环境保护计划. 安全与环境学报，2001（6）.

[141]　刘权，王忠静，马铁民. 面向 21 世纪中国生态环境问题与策略探讨. 人民长江，2004（11）.

[142]　颜帅，王礼先. 中国生态环境的主要问题及其对策（英文）. Forestry Studies in China，2000（2）.

[143]　王东升. 我国生态环境问题的特殊性及治理对策. 山东环境，1997（3）.

[144]　刘燕华，李秀彬. 脆弱生态环境与可持续发展. 北京：商务印书馆，2001.

[145]　李文华. 持续发展与资源对策. 自然资源学报，1994（2）.

[146]　汪松. 野生动物保护与濒危物种公约. 世界环境，1985（2）.

[147]　刘燕华. 脆弱生态环境初探//生态环境综合整治和恢复技术研究：第一集. 北京：科学技术出版社，1992：1-10.

[148]　申元村，张永涛. 我国脆弱生态环境形成演变原因及其区域分异探讨//生态环境综合整治和恢复技术研究：第一集. 北京：科学技术出版社，1992：38-45.

[149]　周劲松. 山地生态系统的脆弱性与荒漠化. 自然资源学报，1997，12（1）：10-16.

[150]　杨明德. 论喀斯特环境的脆弱性. 云南地理环境研究，1990，2（1）：21-29.

[151]　王凤慧. 生态环境脆弱地区自然景观的人为退化及人地系统合理调控的对策. 干旱区资源与环境，1989，3（3）：21-27.

[152]　罗承平，薛纪渝. 中国北方农牧交错带生态脆弱带特征、环境问题及综合整治战略//生态环境综合整治和恢复技术研究：第一集. 北京：科学技术出版社，1992：61-70.

[153]　刘雪华. 脆弱生态区的一个典型例子：坝上康保县的生态变化及改善途径//生态环境综合整治和恢复技术研究：第一集. 北京：科学技术出版社，1992：99-104.

[154]　崔海亭，张建平. 西辽河流域生态脆弱度分析//生态环境综合整治和恢复技术研究：第一集. 北京：科学技术出版社，1992：119-125.

[155]　陈晓斌，陆剑，袁剑刚，等. 道路交通建设的生态环境影响分析. 中山大学学报论丛，2006（8）：116-119.

[156]　陈建东，白明洲，许兆义，等. 既有铁路客运站次生环境影响分析. 铁道

学报，2006，28（1）：108-112.

[157] 周宏春. 我国交通运输对资源环境的影响评价. 经济研究参考，2000（4）：8-14.

[158] 甘师俊，等. 可持续发展：跨世纪的抉择. 广州：广东科技出版社，1997.

[159] 钱易，唐孝炎. 环境保护与可持续发展. 北京：高等教育出版社，2000.

[160] 吴承业. 环境保护与可持续发展. 北京：方志出版社，2004.

[161] 车美萍. 可持续发展理论浅析. 生态经济，1999（3）.

[162] 李龙熙. 对可持续发展理论的诠释与解析. 行政与法，2005（1）.

[163] 王青云. 可持续发展理论发展概述. 黄石高等专科学校学报，2004（4）.

[164] 邱东. 国民经济统计学. 大连：东北财经大学出版社，2001.

[165] 李强. 中国国民经济核算体系的建立、变化和完善. 统计研究，1998（4）.

[166] 董小林. 环境经济学. 北京：人民交通出版社，2005.

[167] 祝兴祥. 环境影响评价未来十年. 环境保护，2005（2）.

[168] 陶靖轩，黄玉蓉. 关于绿色 GDP 核算体系的研究. 科技进步与对策，2005（10）.

[169] 杨多贵，周志田. "绿色 GDP" 核算的国际背景及中国实践进展. 软科学，2005（5）.

[170] 桑燕鸿，吴仁海，陈新庚. 绿色 GDP 核算方法初探. 城市环境与城市生态，2005（06）.

[171] 包宗顺，张莉侠. 绿色 GDP 核算：理论：方法：应用. 江海学刊，2005（5）.

[172] 郭冰阳. 绿色 GDP 的核算及其实施难点. 经济师，2005（11）.

[173] 黄志新. 生态学理论与风景园林设计理念：试论生态思想在风景园林实践中的应用.

[174] 李博. 生态学. 北京：高等教育出版社，2000.

[175] 魏凤虎. 高速公路生态系统评价指标体系的研究. 西安：长安大学，2003.

[176] 林瑛. 高速公路环境设计中景观与生态、文化的整合研究. 武汉：华中科技大学，2004.

[177] 梁立杰. 生态公路理念及其评价体系研究. 西安：长安大学，2004.

[178] 陈向波. 高速公路边坡生态防护技术及其应用研究. 武汉：武汉理工大学，2005.

[179] 崔文波. 高速公路景观研究初探. 南京：南京林业大学，2003.

[180] 刘珊. 高等级公路建设与生态环境协调发展研究. 西安：西安建筑科技大学，2002.

[181] 杨彩侠. 生态公路设计理念与实现研究. 西安：长安大学，2004.

[182] 蔡志洲. 公路项目环境评价中的生态观点. 国外公路，1995（2）.

[183] 林新元. 前联邦德国的公路建设与环境保护法. 国外公路，1996（6）.

[184] 郑瑞清. 瑞典公路环保简介. 中外公路，2002（4）.

[185] 刘东旭，孙淑勤. 澳大利亚的公路工程环境保护. 国外公路，2001（1）.

[186] 蔡志洲. 论公路建设的生态影响. 公路交通科技，1995（1）.

[187] 董岚. 生态产业系统构建的理论与实证研究. 武汉：武汉理工大学，2006.

[188] 叶文虎，张勇. 环境管理学. 北京：高等教育出版社，2006.

[189] 朱庚申. 环境管理学. 北京：中国环境科学出版社，2002.

[190] 布鲁斯·米切尔. 资源与环境管理. 蔡运龙，等，译. 北京：商务印书馆，2004.

[191] 陈静生，蔡运龙，王学军. 人类：环境系统及其可持续性. 北京：商务印书馆，2001.

[192] 席德立. 清洁生产的概念与方法：上. 环境保护，1993（5）.

[193] 田利娟. 加快推广和应用清洁生产技术的对策措施. 经济师，2000（8）.

[194] 环境与清洁生产：无污染技术. 环境科学文摘，2002（6）.

[195] 张泽勇. 从可持续发展战略角度认识清洁生产技术. 环境保护科学，2004（3）.

[196] 张平. 清洁生产指标体系构建与案例数据库网站开发. 上海：东华大学，2004.

[197] 彭庆彦，李淑英，郝德祥. 清洁生产是控制环境污染的有效途径. 北方环境，2004（3）.

[198] 赵家荣. 清洁生产回顾与展望. 节能与环保，2003（2）.

[199] 毋义. 浅析绿色环境与可持续发展. 化工质量，2006（3）.

[200] 揭新华. 发展绿色经济：推进可持续发展. 衡阳师范学院学报，2002（5）.

[201] 吴玉萍，董锁成，徐民英. 面向 21 世纪可持续发展的世界经济动向：绿色经济. 中国生态农业学报，2002（2）.

[202] 车生泉. 绿色文化探析. 环境导报，1998（4）.

[203]　金光风. 营造绿色文化：建设生态文明. 生态经济，2000（8）.

[204]　秦书生. 绿色文化视域中的绿色技术创新// 第 6 届东亚科技与社会（STS）国际学术会议论文摘要集. 2005.

[205]　秦书生. 绿色文化与绿色技术创新. 科技与管理，2006（6）.

[206]　春之声. 科学发展的春天："十一五"规划纲要资源环境问题解读. 今日国土，2006（3）.

[207]　熊风，杨立中，罗洁，等. 可持续发展的"绿色铁路"系统研究. 铁道工程学报，2007（5）.

[208]　腾藤，等. 中国可持续发展研究. 北京：经济管理出版社，2000.

[209]　郭亚军. 综合评价理论与方法. 北京：科学出版社，2002.

[210]　雷四兰，钟荣丙. 中国农业可持续发展指标体系的系统探索. 系统辩证学学报，2002（7）：30-34.

[211]　郝永红，韩文辉，李晓明. 区域可持续发展指标体系研究. 生产力研究，2002（3）：120-123.

[212]　王祖东. 路线设计中填挖平衡的再认识. 中外公路，2005（4）：18-21.

[213]　韦品三. 林区公路挖填平衡与生态平衡. 云南林业科技，1990（3）：58-59.

[214]　吴水威，吴昭毅. 生态工法在都会区道路工程系统规划架构之研究. 高雄："国立中山大学"，2003.

[215]　林晏州. 生态工法之设计. 台北：台湾大学园艺学系，2003.

[216]　邱铭源. 国道建设应用生态工法准则之研究. 台北："国立台湾大学"，2002.

[217]　梁立杰. 生态公路理念及其评价体系研究. 西安：长安大学，2004.

[218]　熊风. 绿色铁路理论和评价的研究. 成都：西南交通大学，2006.

[219]　徐乾清，何孝俅册，丁六逸，等. 中国水利百科全书：水利规划分册. 北京：中国水利水电出版社，2004.

[220]　王礼先. 水土保持学. 北京：中国林业出版社，2005.

[221]　简明水利水电词典. 北京：科学出版社，1981.

[222]　郑启浦. 京九铁路沿线生态环境分析及治理措施. 铁道工程学报，1994，3（1）：105-114.

[223]　袁玉卿，刘珊，董小林，杨文领. 公路施工期环境监理研究. 长安大学学报：社会科学版，2007（2）：28-31.

[224]　夏禾，吴萱，于大明. 城市轨道交通系统引起的环境振动问题. 北方交通

大学学报，1999，23（4）：1-7.

[225] TB 10501—98 铁路工程环境保护设计规范. 北京：中国铁道出版社，
1999.

[226] 仇东东. 城市交通可持续发展指标体系与模糊综合评价研究. 中南公路
工程，2005（2）.

[227] 高平利，等. 宝中铁路生态环境的模糊综合评价. 铁路劳动安全卫生与环
保，1997（4）：216-219.

[228] 汤兵勇，路林吉，王文杰. 模糊控制理论与应用技术. 北京：清华大学出
版社，2002.

[229] 尹坚. 中国：欧盟铁路噪声标准比较及我国铁路噪声标准体系建设建议.
铁道标准设计，2009（3）：131-134.

[230] 孙凤珍. 高速铁路插板式声屏障结构计算分析. 铁道标准设计，2010
（2）：100-102.

[231] 周晓斌. 高速铁路插板式声屏障结构动力学性能分析. 铁道标准设计，
2009（6）：135-137.

[232] 胡喆. 武广铁路客运专线列车脉动力对声屏障的影响研究. 铁道标准设
计，2010（1）：123-126.

[233] 焦大化. 高速铁路环境振动控制限值. 铁道劳动安全卫生与环保，2006，
33（3）：113-119.

[234] 罗锟，雷晓燕，刘庆杰. 地屏障在铁路环境振动治理工程中的应用研究.
铁道工程学报，2009（1）：1-6.

[235] 尹皓，李耀增，辜小安，等. 高速铁路环境振动特性研究. 铁道劳动安全
卫生与环保，2010，37（1）：32-36.

[236] 刘世梁，杨志峰，崔保山，等. 道路对景观的影响及其生态风险评价. 生
态学杂志，2005，24（8）：897-901.

[237] 匡星，白明洲，王连俊，等. 铁路建设项目对生态环境影响评价体系探
析. 铁道学报，2009，31（2）：125-131.

[238] 孙健. 铁路工程施工期典型环境影响因素分析. 铁道劳动安全卫生与环
保，2010，37（1）：43-45.

[239] 国建华. 时代呼唤"绿色交通"：铁路与我国交通运输的可持续发展. 铁
道知识，2010（1）：60-64.

[240] 盛晖，李传成. 绿色铁路旅客站建筑设计探讨. 铁道经济研究，2010（1）：

24-30.

[241] 赵奕. 建立中国绿色铁路客站标准的必要性探索. 铁道经济研究，2010（3）：1-3，17.

[242] 江心. 绿色铁路新客站. 铁道知识，2009（2）：18-19.

[243] 林路. 铁路：绿色交通的骄傲. 铁道知识，2009（2）：4-11.

[244] 高速铁路环境影响分析专题组. 高速铁路环境影响特性分析. 铁道劳动安全卫生与环保，1994，21（4）：304-308.

[245] 徐文兰. 国外高速铁路建设环境影响评价的现状. 铁道劳动安全卫生与环保，1995，22（1）：68-70.

[246] 吴成杰. 苏锡常及上海地区区域沉降对京沪高速铁路的影响及防治对策. 铁道工程学报，2007（增）：9-12.

[247] 李国和，许再良，孙树礼，等. 华北平原地面沉降对高速铁路的影响及其对策. 铁道工程学报，2008（8）：7-12.

[248] 李国和，孙树礼，许再良，等. 地面沉降对高速铁路桥梁工程的影响及对策. 铁道勘测与设计，2008（5）：57-60.

[249] 黄盾. 京沪高速铁路安徽凤阳段选线与明皇陵保护有关问题研究. 铁道工程学报，2008（4）：37-41.

[250] [日]前田达夫. 高速铁路的空气动力学现象与环境问题. 交流技术与电力牵引，2000（2）：35-37.

[251] 孟宇. 把握时代机遇的优势整合：浅析法国高速铁路车站地区综合开发的实践经验//生态文明视角下的城乡规划：2008中国城市规划年会论文集.

[252] 顿小红. 从世界高速铁路发展看我国高速铁路建设. 现代商贸工业，2007，12（6）：22.

[253] 甘德建，王莉莉. 绿色技术与绿色技术创新：可持续发展的当代形式. 河南社会科学，2003（2）：22-25.

[254] 我国绿色铁路的评价体系研究. 成都：西南交通大学，2007：24-25.

[255] 郭亚军. 综合评价理论、方法及应用. 北京：科学出版社，2007：18-19.

[256] 叶义成，柯丽华，黄德育. 系统综合评价技术及其应用. 北京：冶金工业出版社，2006：18-21.

[257] 张尧庭. 指标量化、序化的理论和方法. 北京：科学出版社，1999：6-7.

[258] 华中生，吴云燕，徐晓燕. 一种AHP判断矩阵一致性调整的新方法. 系统工程与电子技术，2003，25（1）：38-40.

[259] A BONNAFOUS. The regional impact of the TGV. Transportation, 1987 (14): 127-137.

[260] A FAIZ. Automotive emissions in development countries relative implications for global warming acidification and urban air quality. Transportation Research，2001, 27(3): 167-186.

[261] A GARGINI, V VINCENZI, L PICCININI, G M ZUPPI, P CANUTI. Groundwater flow systems in turbidite of the Northern Apennines (Italy): natural discharge and high speed railway tunnel drainage. Hydrogeology Journal, 2008 (16)：1577-1599.

[262] A GIBERT. Criteria for sustainability in the development of indicators for sustainable development. Chemosphere, 1996, 33 (9): 1739-1748.

[263] A GILBERT. Cruteriafor sustainability in the development of indicators for sustainable development. Elsevier Science Ltd, 1996.

[264] A OBERMAUER. National rail reform in Japan and the EU: evaluation of institutional change. Japan Railway Transport Review, 2001, 29: 21-35.

[265] A Z TAHA, M SHAHIDULLAH. Assessment of wafer use and sanitation behavior in a rural area of Bangladesh. Archives of Environmental Heath, 2000, 35 (1): 51-57.

[266] B CHANDRAN, B GOLDENB, E WASIL. Linear programming models for estimating weights in the analytic hierarchy process. Computers and Operations Research, 2005, 32: 2235-2254.

[267] B H WU. Edvaet: a linear landscape evaluation technique：a case study on Xiaoxinganling scenery drive. Acts Geographical Sinica, 2001, 56(2): 214-222.

[268] BANGS E E, BAILEY T N PORTNER M F. Survival rates of adult female moose on the Kenai Peninsula, Alaska. Journal of Wildlife Management, 1989, 53: 557-563.

[269] C A TISDELL. Protection of the environment in transitional economics. Regional Development Dialogue, 1997, 18(1): 36-40.

[270] C E HANSON. High speed train noise effects on wildlife and domestic livestock. B Schulte-Werning et al. (Eds.): Noise and Vibration Mitigation, NNFM 99，2008: 26-32.

[271]   Cockburn Sound Management Council. The State of cockburn sound: a pressure state response report. 2001, 7: 123-129.

[272]   D BANISTER. Transport policy and the environment. Oxford: Alexandrine Press, 1999.

[273]   D L GREENE etc. The Full Costs of Transportation: contributions to theory, method and measurement. Berlin: Springer-Verlag Berlin Heidelberg, 1997.

[274]   D LIVERMAN. The vulnerability of urban areas to technological risks. Cities May, 1986: 142-147.

[275]   D SPAVEN. Are high-speed railways good for the environment. Transform Scotland, Edinburgh, October, 2006.

[276]   E BRAWN, D WIELD. Regulation as a Means for the Social Control of Technology. Technology Analysis and Strategic Management, 1994 (3): 15-18.

[277]   E V RICHARDSON, B SIMONS, S KARAKI, M MAHMOOD, M A STEVENS. Highways in the river environment: hydraulic and environmental design considerations training and design manual. Washington D C: U S Department of Transportation, Federal Highway Administration, 1975.

[278]   E WASIL, B GOLDEN. Celebrating 25 years of AHP based decision making. Computers and Operations Research, 2003 (30): 1419-1438.

[279]   EIA CENTRE. A pilot study on post-project analysis in Flanders. EIA Newsletter 12 Manchester: School of Planning and Landscape, University of Manchester, 1996.

[280]   F BRUINSMA, E PELS, H PRIEMUS, P RIETVELD, B VAN WEE. The impact of railway development on urban dynamics. Physica-Verlag Heidelberg, 2008.

[281]   F HAIGHT. Problems in Estimating Comparative Costs of Safety and Mobility. Journal of Transport Economics and Policy, 1994 (1): 14-17.

[282]   FALUDI A. A Decision-centered View of Environmental Planning. Oxford: Pergamon Press, 1987.

[283]   FARMER A M. The effects of dust on vegetation?A review. Environmental Pollution, 1993, 79: 63-75.

[284]   G A POULOU, T NATHANAIL, D P POULOS. A GIS technology based tool

for supporting strategic envirorunentally friendly planning of urbantrans portinfras ucturedevelopment AI // Proe. 15th; Armu. Envir. Sys. Res. Inst. (ESRI)Conf. . Environmental Systems Research Institute, Redlande, Calif, 1995.

[285] G J BOWDEN, H R MAIER etal. Optimal division of data for neural network models in water resources applications. Water Resources Research, 2002, 38(2): 1-11.

[286] G MATHIEU. The reform of UK railways privatization and its results. Japan Railway Transport Review, 2003 (34): 10-19.

[287] G MATHIEU. The reform of UK railways privatization and its results. Japan Railway Transport Review, 2003 (34): 253-261.

[288] GROOT BRUINDERINK GW TA, HAZEBROEK E. Ungulate traffic collisions in Europe. Conservation Biology, 1996 (10): 1059-1067.

[289] H BOSSEL. The human actor in ecological-economic models: Policy assessment and simulation of actor orientation for sustainable development. Ecological Economics, 2000 (34): 337-355.

[290] H GEERLINGS. Meeting the challenge of sustainable mobility. Berlin: Springer-Verlag Berlin Heidelberg, 1999.

[291] H GILLETTE JR, Z L MILLER. American Urbanism. Greenwood Press, 1987.

[292] H PAUKERT. Rail International, 2002 (2): 20-25.

[293] I A N SPELLERBERG. Ecological effects of roads and traffic: a literature review. Global Ecology and Biogeography, 1998 (7): 317-333.

[294] I J GILBROOK. Finding the appalachian scenic corridor // 20th Annu. Envir. Sys. Res. Inst. (ES) Conf.. Environmental Systems Research Institute, Redlands, Calif, 2000.

[295] J A KROUT, A S RICE. The United States since 1865. New York: Barns and Nobles books, 1977.

[296] J K MITCHELL, C J Willmott. Geography in America, Columbus, OH：Merrill, 1989: 410-424.

[297] J M PRESTON, G T WALL. The impact of high speed trains on socio-economic activity. Proceedings of the 11th World Conference on

Transport Research, Berkeley, USA, 2007：24-28.

[298] J PRESTON, A LARBIE, G WALL. The Impact of High Speed Trains on Socio-Economic Activity: The Case of Ashford (Kent). Fourth Conference on Railroad Industry Structure, Competition and Investment, Madrid, Spain ,2006:19 - 21.

[299] J REPS. Cities of American West: A History of Frontier Urban Planning. New York, 1979.

[300] J L DENG. Grey Information Space. The Journal of Grey system, 1989, 1(2): 203-118.

[301] J W PETRANKA, M E ELDRIDGE, K E HALEY. Effects of timber harvesting on Southern Appalachian salamanders. Conservation Biology, 1993, 7: 363-370.

[302] K DOW, T E DOWNING. Vulnerability research: where things stand. Human Dimonsions Quarrerly, 1995, 1: 3-5.

[303] K J YU. Assessment of landscape sensitivity and impact resist ability: with a case study of Wangxiangyan canyon in SouthMt, Taihong. Geographical Research, 1991, 10(2): 38-51.

[304] K J YU. Landscape preference: BIB-LCJ procedure and comparison of landscape preference among different groups. Journal of Bejing Forestry University, 1988, 10(2): 1-11.

[305] K M AL HARBI. Application of AHP in project management. International Journal of Project Management, 2001, 19(4): 19-27.

[306] K NAKAGURA, Y MORITOH, Y ZENDA, Y SHIMIZU. Aerodynamic noise of maglev cars. Inter-Noise' 94, Yokohama, 1994.

[307] K NAKAMRA. The JR case of privatization and beyond. Japan Railway Transport Review, 1996, 8: 114-120.

[308] L B LEOPOLD, E C FRANK, B H BRUCE. Aproeedure for evaluating environmental impact. Geological Survey Circular, 1971, 645: l-25.

[309] LITTON R B JR. Forest Landscape Description and Inventories: A Basis for Land Planning and Design. Berkeley, California: USDA, Forest Service, Pacific Southwest Forest and Range Experiment Station Research Paper, PSW-49, 1968.

[310] LITTON R B JR. Visual vulnerability of forest landscape. Journal of Forestry, 1974, 72 (7): 392-397.

[311] LITTON R B R. Descriptive approaches to landscape analysis // A conference on applied techniques for Analysis and Management of the Visual Resource. Berkeley, California: USDA, Forest Service, Pacific Southwest Forest and Range Experiment Station Tech, Research Paper, PSW-35, 1979.

[312] M GIVONI. Development and Impact of the Modern High-speed: A Review. Transport Reviews, 2006, 26(5): 593-611.

[313] M J GILBROOK. Finding the Appalachian seenie eorridor Al // 20th Armu. Envir. Sys. Res. Inst. (ESRL) Conf. Envirorunenial Systems Researeh Instltute, Redlands, Calif, 2000.

[314] M NAKAYAMA. Post-project review of environmental impact assessment for saguling dam for involuntary re-settlement. International Journal of Water Resources Development, 1998 (14): 217-229.

[315] M WEBER. General Economic History. Translated by F H KNIGHT. N Y: Free Press, 1950.

[316] M ZURA, P L I PAR. The road and traffic environmental impacts assessment and optimal room layout selection. Proe. 15th Annu. Envir. Sys. Res. lnst. Conf. Environmental Systems Research Institute, Redlands, Calif, 1995.

[317] MCHARG IAN L. Design with nature. new York: John Wiley & Sons, 1992.

[318] MEHARGI. Design with nature. Garden City: nature History Press, 1969.

[319] NOSSR F, Cooperrider A Y. Saving nature's legacy. Washington, D C: Island Press, 1994.

[320] P RIETVELD, R ROSON. Direction dependent prices in public transport. Transportation, 2002, 11: 124-129.

[321] PALOMARES F, DELIBES M. Some physical and population characteristics of Egyptian mongooses (Herpestesicbneumon L. 1758) in Southwestern Spanin. Zeitschrift Fuersaeugetierkunde, 1992, 57: 94-99.

[322] R BENIOFF, S GUILL, J LEE. Vulnerability and Adaption Assessments: An International Handbook. Environmental Science and Technology Library, Kluwer Academic Publishers, 1996.

[323] R F NOSS, A Y COOPERRIDER. Saving nature's legacy. Washington, D C:

Island Press, 1994.

[324] R M JONESETAL. GIS Support for distributed group work in regional planning. INT. J. Geographeal Information Seienee, 1997, 11(l): 53-71.

[325] R MAKAREWICZ, M YOSHIDA. Railroad noise in an open space. Applied Acoustics, 1996.

[326] R PENMAN. Natural resource environmental economies. Singapore: Longman Singapore Publishers Ltd, 1997.

[327] R VICKERMAN. High-speed rail in Europe: experience and issues for future development. Ann Reg Sci, 1997, 31: 21-38.

[328] R W Al HARBIN. Application of AHP in project management. International Journal of Project Management, 2001,19(4):19-27.

[329] Royal Commission on Environmental Pollution. Transport and the Environment. Oxford: Oxford University Press, 1995.

[330] S B BILLATES, N A BASLY. Green Technology and Design for the Environment. Tayler & Francis, 1999.

[331] S B MILES, C L HO. Application sand issues of GIS a stool for civil engineering modeling. Journal of Computing in Civil Engineering, 1999.

[332] S C TROMBULAK, C A FRISSELL. Review of ecological effects of roads on terrestrial and aquatic communities. Conservation Biology, 2000 (14): 18-30.

[333] S ISLAM, R KOTHAR. Artificial neural networks in remote sensing of hydrologic processes. Journal Hydrological Engineering, 2000, 5(2): 138-144.

[334] S SADEK, M BEDRAN, I KAYSI. GIS Platform for multicriteria evaluation of route alignments. Journal of Transportation Engineering, 1999.

[335] STEINER F, YOUNG G , ZUBE E. Ecological planning: retrospect and prospect. Landscape Journal, 1988, 7 (1): 31-39.

[336] T NAGAI. Japanese transport-much to be done for infrastructure. Japan Railway Transport Review, 1994, 1: 125-138.

[337] THE WORLD BANK. Sustainable transport: priorities for policy reform. The World Bank Publication, 1996.

[338] UNITED NATIONS. Indicators of sustainable development framework and

methodologies. New York: United Nations, 1996.

[339] V PROFILLIDIS. Separation of railway infrastructure and operations. Japan Railway Transport Review, 2001, 29: 321-328.

[340] W ROTHENGATTER. Exfernalities of Transport, European Transport Economics. UK: Blackwell Publishers, 1993.

[341] W W ROBSTOWN. The Stages of Economic Growth. Cambridge: Cambridge University Press, 1960.

[342] WASIL E, GOLDEN B. Celebrating 25 years of AHP based decision making. Computers and Operations Research, 2003, 30: 1419-1438.

[343] X G LI, W WANG, F LI, X J DENG. GIS based map overlay method for comprehensive assessment of road environmental impact. Transportation Research: Part D, 1999: 147-158.

[344] Y OKANO. The Backdrop to privatization in Japan. Japan Railway Transport Review, 1994, 2: 25-36.

[345] ZUBE E H. Themes in landscape assessment theory. Landscape Journal, 1984, 3(2): 104-110.